DIE
KRANKE HEIZUNG

EIN HANDBUCH
FÜR DIE PRAXIS

VON

Dipl.-Ing. OTTO GINSBERG

BERATENDER INGENIEUR, HANNOVER

MIT 2 ZUSAMMENSTELLUNGEN
UND 27 ABBILDUNGEN

DIE HEIZUNGSMONTAGE
TEIL III

MÜNCHEN UND BERLIN 1934
VERLAG VON R. OLDENBOURG

DRUCK VON R. OLDENBOURG IN MÜNCHEN

Vorwort.

In den beiden ersten Bänden der „Heizungsmontage" sind die Materialien und Werkzeuge sowie die eigentliche Montage der Neuanlagen besprochen worden. Dagegen ist nur andeutungsweise von Störungen gesprochen, die sich an den bereits in Betrieb befindlichen Anlagen zeigen können. In dem vorliegenden Bande werden nun diese eingehender behandelt, und zwar soweit, als es Aufgabe des Monteurs ist, die Fehler zu beseitigen.

Es soll besonders hervorgehoben werden, daß der Monteur bzw. der Montageleiter nicht nur die Aufgabe hat, die gerade erhobene Klage zu beseitigen, sondern er soll auch der Ursache der Beschwerde nachgehen, damit durch geeignete Maßnahmen eine Wiederholung vermieden werden kann.

In der Hauptsache kann ich mich auf die Behandlung von Dampfheizungen und Warmwasserheizungen beschränken, unter die auch die Erwärmungseinrichtungen für Lüftungsanlagen und Warmwasserversorgungen fallen.

Die Art des Aufbaues wird die Auffindung des Abschnittes, der einen gerade vorliegenden Fehler behandelt, erleichtern, und sicher den richtigen Weg zur Beseitigung des Übelstandes weisen.

Hoffentlich geben die Hinweise Veranlassung, eine recht große Anzahl der leider noch zu oft mangelhaft arbeitenden Anlagen in Ordnung zu bringen, und damit weiten Kreisen solcher, die Arbeit schaffen wollen, Arbeit zu geben.

Hannover, im August 1934.

Dipl.-Ing. Otto Ginsberg,
Beratender Ingenieur.

Inhaltsverzeichnis.

2. Mangelhaftes Arbeiten der Anlagen ...

1. Brüche und Undichtheiten an den Anlagen.

Wenn an irgendeiner Stelle im Hause Nässe auftritt, so braucht noch nicht eine Rohrleitung oder ein sonstiger Teil der Heizung schadhaft zu sein . Die Ursache kann mitunter in dem Niederschlag von Feuchtigkeit aus Rauchgasen, in dem Schwitzwasser liegen.

A. Schwitzwasser.

Schwitzwasser kann nur auftreten, wenn das Brennmaterial Feuchtigkeit enthält oder bei der Verbrennung Feuchtigkeit entwickelt. Es kann also seine Entstehung sowohl feuchtem Koks als auch mit Flamme brennendem Feuerungsmaterial verdanken.

Wenn die Verbrennungsgase eine genügend hohe Temperatur behalten, so ist die Bildung von Schwitzwasser ausgeschlossen. Bei Abkühlung unter den „Taupunkt", das ist die Temperatur, bei der die Gase mit Wasserdampf gesättigt sind, wird Schwitzwasser stets auftreten.

Eine besonders starke Wasserdampfbildung tritt bei der Verbrennung von Öl, Gas, Torf und Braunkohle ein, geringer wird sie bei Steinkohle und Anthrazit und verschwindet vollständig bei gutem Zechen- oder Gaskoks. Der neuerdings auf den Markt gebrachte Petrol-Koks ist, da er noch viel Ölbestandteile enthält, in dieser Beziehung Steinkohlen gleich zu setzen. Bei den wasserbildenden Brennstoffen ist deshalb ganz besonders darauf zu achten, daß die Rauchgase den Schornstein noch mit genügend hohen Temperaturen verlassen. Beim Anfeuern, besonders mit noch kaltem Schornstein, wird sich die Bildung von Schwitzwasser nie ganz vermeiden lassen, wenn wasserbildende Brennstoffe verfeuert werden. Deshalb sollte schon bei dem Bau des Hauses darauf geachtet werden, daß der Schornstein und der Rauchfuchs wasserdicht sind. Wird von den Schornsteinwandungen Feuchtigkeit aufgesaugt, so lassen sich nasse Stellen auch an der Außenseite schwer vermeiden. Besonders lästig werden diese nassen Stellen dann, wenn die Rauchgase unverbrannte, teerige Bestandteile enthalten, welche oft genug Veranlassung zu großen, bräunlich gelben Flecken an der Wand sind. Eine Ausbesserung der Oberfläche ist hier vollständig zwecklos, denn die Flecke erscheinen auf der neuen Oberfläche bald wieder. Nur ein vollständiger Abbruch des durchfeuchteten Teiles des Schornsteins und Neuerrichtung desselben kann Abhilfe schaffen.

Findet die Abkühlung der Rauchgase unter den Taupunkt bereits innerhalb des Kessels statt, so treten am Kessel, meist da, wo der Kesselsockel auf das Fundament trifft, mitunter aber auch an anderen Stellen Wasserlachen oder Tropfen auf, welche leicht zu der Vermutung Anlaß geben, daß der Kessel eine Undichtheit habe. Bei Verwendung von nassem Holz zum Anfeuern ist es sogar schon vorgekommen, daß

Wasser mehrere Zentimeter hoch auf dem Kesselfundament stand. Um das Schwitzen als die Ursache mit Sicherheit festzustellen, muß man das Wasser sorgfältig entfernen und mit trockenem Koks scharf feuern. Wenn danach nicht von neuem Wasser auftritt, so ist das Niederschlagen von Wasserdampf aus den Rauchgasen mit Sicherheit nachgewiesen. Bei Undichtheiten wird das Wasser auch bei scharfem Feuer, vielleicht sogar verstärkt, wieder erscheinen.

B. Beschädigungen an Kesseln.

Beschädigungen treten am häufigsten an den Kesseln auf. Es sind drei Arten von Schäden zu unterscheiden, solche durch Durchrosten, durch Risse und durch Lockerung der Verbindungen.

I. Rostschäden.

Ein Anfressen und schließlich Durchrosten der Kessel kann sowohl von der Rauchgasseite als auch von der Wasserseite her erfolgen. Derartige Schäden sind bei schmiedeeisernen Kesseln weitaus häufiger als bei Gußkesseln, obgleich auch diese nicht unbedingte Sicherheit dagegen bieten.

a) Bedingungen für den Angriff von außen. Voraussetzung für einen Angriff durch die Rauchgase ist, daß diese einen starken Gehalt an schwefliger Säure haben und daß diese in niedergeschlagenem Wasser gelöst wird. Er kann also nur eintreten, wenn der verwendete Brennstoff schwefelhaltig und ziemlich stark wasserbildend ist und wenn die Rauchgase sich bis unter den Taupunkt abkühlen.

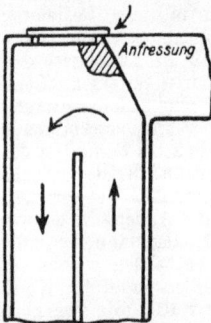

Abb. 1. Anfressung eines Gußkessels infolge von Abkühlung durch Nebenluft.

Die Abkühlung der Rauchgase kann auch auf kurze Strecken vorübergehend auftreten etwa dadurch, daß kalte Luft durch Undichtheiten von außen eindringt, und daß sich später die verschiedenen Teile der Rauchgase wieder mischen und eine für den Wasserniederschlag ungefährliche Temperatur annehmen. Man wird daher Anfressungen dieser Art hauptsächlich an den letzten Enden der Rauchgaswege kurz vor der Einmündung in den Rauchfuchs und in der Nähe von Reinigungsöffnungen finden. Abb. 1.

Die Beseitigung des augenblicklichen Schadens ist, ebenso wie bei Verrostung von innen her, nur möglich durch Auswechselung des schadhaften Teiles. Bei Gußkesseln muß also das Glied erneuert werden, bei schmiedeeisernen Kesseln ein entsprechend großer Teil des Bleches oder des Rohres. Vor einer Zuschweißung des Loches sei hier ganz entschieden gewarnt. Bei Schmiedeeisen treten leicht Schweißspannungen ein, welche nach ganz kurzer Zeit zu einem Reißen an anderer Stelle Veranlassung geben. Das ist bei Gußeisen nicht in dem gleichen Maße zu befürchten. Da Gußschweißung aber nur bei Rotglut des ganzen

höhere Temperatur eine vollständige Strukturänderung, eine Verschie-
Gliedes vorgenommen werden kann und eine längere Erhitzung auf
bung des inneren Aufbaues zur Folge hat, so kann wohl im Augenblick
der Schaden beseitigt werden, aber das geht unter allen Umständen
auf Kosten der Haltbarkeit des Gliedes, und man muß sicher damit
rechnen, daß in kurzer Zeit, vielleicht an einer anderen Stelle des
Gliedes, ein Spannungsriß entsteht.

Bei schmiedeeisernen genieteten Kesseln ist jede Ausbesserung
durch Einschweißen eines neuen Kesselblechteiles zu vermeiden. Bei
Durchführung einer derartigen Arbeit werden unter allen Umständen
die Nietverbindungen angegriffen und so geschädigt, daß hier ein Lecken
nach kurzer Zeit, wenn nicht gar sofort eintreten muß. Genietete
Kessel sind nur durch Einsetzen eines genieteten Flicken wieder instand
zu setzen.

Bei geschweißten Kesseln ist der Flicken mit besonderer Sorgfalt
einzuschweißen, derart, daß nicht an anderer Stelle durch Spannungen
Risse entstehen.

Eine Wiederholung der gleichen Beschädigung wird am gründlich-
sten verhindert, wenn nur schwefelfreier und nicht wasserbildender
Brennstoff verfeuert wird. Da aber in fast allen Brennstoffen mehr
oder weniger Schwefel enthalten ist, und da auch Koks, der bei
der Verbrennung kein Wasser bildet, oft so naß geliefert wird, daß
Niederschläge schwer zu vermeiden sind, ist dieser Weg fast ausgeschlossen.

Wenn der Schaden am Ende der Rauchgaswege entstanden ist,
so ist das ein Zeichen dafür, daß der Kessel zu schwach belastet war und
daher die Rauchgase zu weit abgekühlt wurden. Mitunter kann man
sich dann in der Weise helfen, daß eine kleinere Kesseleinheit in Betrieb
gesetzt wird. Wenn aber nur ein einziger Kessel vorhanden ist, so gibt
es nur die eine Möglichkeit, selbstverständlich nach genauer Nachrechnung der tatsächlichen Erfordernisse, einen Teil der Heizfläche
durch Abdecken tot zu legen und auf diese Weise die Rauchgase heißer
in den Schornstein gelangen zu lassen.

Bei der Vornahme einer solchen Abdeckung ist auch besonders zu
prüfen, ob nicht die kälter bleibenden Teile durch ihre geringere Ausdehnung zu Spannungen Anlaß geben, die ihrerseits nun Spannungsrisse
verursachen. Allgemeine Maßregeln zu geben ist unmöglich, jeder Fall
muß besonders untersucht und behandelt werden.

Die Wiederholung von Anrostungen in der Nähe von Reinigungs-
klappen oder Undichtheiten in der Ummantelung oder im Kessel-
mauerwerk ist durch sorgfältige Abdichtung zu vermeiden.

Es ist wiederholt vorgekommen, daß Kesselteile, besonders am
Aschenraum mit nicht wassergekühlter Eisenummantelung, vollständig zerfressen waren. Selbst das Gußeisen nimmt dann eine blätte-
rige Struktur an und läßt sich wie weicher Schiefer spalten. Die Erscheinung tritt durch das Zusammenwirken der Schlacken von manchen
Koks- und Kohlearten mit Wasser auf und ist nur dadurch zu erklären,
daß der Heizer die Verbrennungsrückstände im Aschenfall vor dem
Herausziehen durch Wasser abgekühlt hat. Meist sind die angefressenen
Teile vollständig unbrauchbar und müssen ausgewechselt werden, eine

Wiederholung ist nur zu vermeiden, wenn das Ablöschen strengstens untersagt und die Durchführung des Verbotes auch kontrolliert wird.

b) Innere Anfressungen. Viel häufiger sind die Rostangriffe und Zerstörungen von der Wasserseite aus, und zwar werden hier in der Hauptsache die neueren schmiedeeisernen Kessel betroffen. Kessel aus Puddeleisen waren hier viel widerstandsfähiger. Daß das neuerdings auf den Markt gebrachte Armco-Eisen, das dem Puddeleisen in seiner Struktur viel ähnlicher ist als das Flußeisen, eine größere Widerstandskraft gegen die chemischen Angriffe des Wassers hat, wird von verschiedenen Seiten bestritten.

Auf dem Gebiete der Unschädlichmachung des Wassers hat man in den letzten Jahren gewaltige Fortschritte gemacht. Die Anwendung solcher Verfahren stößt leider zu oft auf den Widerstand der Bedienung und auch der Betriebsleitung, welche den Nutzen solcher Ausgaben erst einsieht, wenn schwere Schäden entstanden sind.

Der Angriff des Wassers erfolgt nur, wenn dasselbe Sauerstoff gelöst hat. Deshalb sind die dauernd mit dem gleichen Wasser gefüllten und nur sehr selten nachgespeisten Warmwasserheizungen gegenüber den Dampfheizungen, die sich im kalten Zustande vollständig mit Luft füllen, stets stark im Vorteil. Und unter den Niederdruckdampfheizungsanlagen sind in erster Linie solche mit maschinellen Rückspeisungen, in denen das Kondensat in einem offenen Behälter vor der Rückspeisung gesammelt wird und mit einer großen Oberfläche mit der Luft in Berührung kommt und Bestandteile der Luft löst, den Wasserangriffen ausgesetzt.

Erheblich verringert, wenn auch nicht ganz beseitigt wird die Gefahr durch Führung des Kondensates vor Einbringung in den Kessel durch ein Filter aus leicht rostenden Stahlspänen. Diese Späne müssen selbstverständlich öfter erneuert werden, und bei richtiger Anordnung zeigt es sich, daß sie nicht nur eine ganz rostige Oberfläche aufweisen, sondern zum größten Teil soweit zerfressen sind, daß sie als feiner, brauner Schlamm den Boden bedecken.

Es sei besonders darauf hingewiesen, daß ein Rostschaden von innen her, der an der Außenseite eines Kessels festgestellt wird, in der Regel darauf schließen läßt, daß weitere Anfressungen schon vorhanden sind, wenn man sie auch außen noch nicht bemerken kann. Das Zuschweißen eines Loches, das sehr leicht und schnell durchzuführen ist, wird deshalb nur für kurze Zeit Abhilfe schaffen. Schon nach kurzer Zeit wird an einer anderen Stelle ein neues Loch auftreten, und die Instandsetzungsarbeiten werden kein Ende nehmen. Nur eine genaue Prüfung der Innenseite, die meist nicht durchführbar ist, kann Sicherheit über den Umfang des bereits entstandenen Schadens geben. Wenn daher außen etwa bei einem Rauchrohr eines liegenden Kessels ein Wasser-Rostschaden eingetreten ist, empfiehlt es sich, den ganzen Kessel zu erneuern.

II. Risse.

In der Ursache und der äußeren Erscheinung vollkommen von den Durchfressungen verschieden sind die Kesselrisse. Diese sind bei schmiedeeisernen Kesseln bedeutend seltener als bei denen aus Gußeisen, da das Material wesentlich zäher ist und auch starke Beanspruchungen leichter aushalten kann. Jedoch sind auch hier Risse nicht ausgeschlossen.

a) Spannungsrisse. Recht selten sind heute die Risse durch Spannungen, welche durch falsche Formgebung oder schlechte Herstellungsverfahren entstehen. Schmiedeeiserne, genietete Kessel weisen sie wohl nie auf, und bei Gußkesseln bewährter Bauart kann nur ein besonders unglücklicher Zufall in der Fabrikation dazu führen, der allerdings durch die in allen größeren Kesselfabriken heute dauernd geübte Materialkontrolle auf mechanische Eigenschaften und chemische Zusammensetzung des Gusses sicher bemerkt wird, bevor auch nur ein kleiner Teil der Tagesleistung zur Weiterverarbeitung gelangt. Aber noch kurz vor dem Kriege waren Fabrikate auf dem Markt, und ein Wiedererscheinen ist wohl nicht unbedingt ausgeschlossen, welche Mängel der angegebenen Art aufwiesen und daher zu einer lebhaften Beunruhigung der Belieferten führten.

Wenn solche Risse nicht auftreten sollen, so müssen vor allen Dingen starke Materialanhäufungen ohne ganz allmählichen Übergang zu den dünneren Teilen vermieden werden. Wenn ein solcher Fehler im Entwurf gemacht ist, wird zunächst bei der Fabrikation ein hoher Satz von Ausschuß entstehen, die Glieder, welche aber die Fabrik unversehrt verlassen, werden meist in der Nähe des zu plötzlichen Überganges reißen.

Materialfehler bei einwandfreier Formgebung lassen sich äußerlich wohl niemals feststellen. Dagegen wird ein Schliff und Ätzung durch das Aufweisen einer nicht normalen Eisenstruktur den Fehler einwandfrei erkennen lassen. Eine chemische Untersuchung auf schädliche Bestandteile und eine Festigkeitsprobe werden den Befund der Ätzung immer bestätigen. Ein Eingehen auf diese Fragen würde das Gebiet der „Heizungsmontage" weit überschreiten, hier kommen höhere, wissenschaftliche Fragen in Betracht, welche von Spezial-Fachingenieuren gelöst werden müssen.

Es kommt aber vor, daß Kessel, welche zunächst einwandfrei gearbeitet haben, ohne das Eintreten noch später zu besprechender Ursachen reißen. Wenn durch Fehler in der Formgebung oder, allerdings seltener, durch Ablagerung von Schlamm und anderen Verunreinigungen in einzelnen Teilen eines Gußkesselgliedes der Wasserumlauf nicht genügend groß ist, so kann an dieser Stelle die Temperatur der Wandung, besonders wenn sie starker Feuerwirkung ausgesetzt ist, auf einige hundert Grad steigen. Eine längere Einwirkung so hoher Temperaturen, die noch weit unter der Glühtemperatur liegen können, bewirkt eine innere Umwandlung des Eisens, eine Strukturänderung, die zu Spannungen und schließlich zum Bruch führt. Der Verlauf eines so entstandenen Risses richtet sich vor allen Dingen nach der Möglichkeit der Hitzeeinwirkung, ist aber nicht immer in gleicher Art charakteristisch. Am stärksten sind diesen Schäden mit geringem Wasserumlauf ausgesetzt, welche scharf in die Glut hereinragen. Äußerlich ist die Hitzeeinwirkung nicht immer zu erkennen, es kommt vor, daß das Eisen an dem Riß außen einwandfrei aussieht. Aber ein geätzter Schliff zeigt deutlich eine von der Feuerseite beginnende und nach der

Wasserseite fortschreitende Umwandlung, aus deren Tiefe auf die Höhe der Temperatur und die Dauer der Einwirkung geschlossen werden kann.

In einem besonderen Falle wurde von dem Heizer ein breiter Riß bei dem Punkte B festgestellt. Abb. 2. Eine Untersuchung durch den Ingenieur zeigte, daß auch bei A ein allerdings erheblich schwächerer Riß vorhanden war. Die metallographische Prüfung ergab eine Umwandlung des Eisens bei dem Punkt A, welcher der schärfsten Glut ausgesetzt war, über die ganze Tiefe der Wandung, während bei B erst etwa ein Drittel krankhaft verändert war. Die unmittelbare Ursache des Schadens lag bei A, wenn auch die äußere Erscheinung zuerst bei B bemerkt wurde. Es sei ausdrücklich bemerkt, daß in dem Wasserkanal AB und in dessen Nähe keinerlei Kesselsteinablagerung vorhanden war, sondern daß nur der ungünstige Wasserumlauf bei A zu der allmählichen Veränderung und zum Bruch Anlaß gegeben hat.

Es wird oft angenommen, daß eine zu starke Hitzeeinwirkung zu einer Rotfärbung der Oberfläche führt. Eine solche Färbung war im vorliegenden Falle nicht eingetreten.

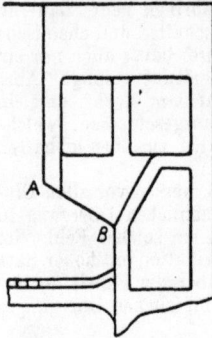

Abb. 2. Sprung im Gußkessel infolge von Strukturänderung.

Dagegen ist in anderen Fällen durch Schliff und Ätzung an geröteten Kesselgliedern eine Strukturänderung nicht nachzuweisen gewesen, und die Kessel, welche Veranlassung zu der Prüfung gegeben haben, waren an ganz anderen Stellen als den geröteten aus vollständig anderen Ursachen geplatzt. Andere rot angelaufene Glieder des gleichen Kessels und ebenso andere ganze Kessel mit den gleichen Erscheinungen, die nicht auf diese Weise untersucht wurden und wieder in Betrieb genommen sind, haben noch jahrelang gehalten, ohne daß irgendwelche Schäden eingetreten sind. Vor der Überschätzung der Rotfärbung sei deshalb auf das dringendste gewarnt, wenn sie auch mitunter einen Hinweis geben kann, an welcher Stelle die genauere Untersuchung einsetzen muß.

Auch ohne starke Wärmeeinwirkung kann das Gußeisen im Laufe der Jahre „ermüden", besonders wenn die Verbindung der einzelnen Glieder zu starr ist und dem Arbeiten derselben nicht genügend nachgibt. So haben die Kessel mit den ziemlich starren Gewindenippelverbindungen meist eine erheblich kürzere Lebensdauer als solche mit anderen Verbindungen, und zwar treten hier besonders oft Nabenrisse ein. Aber auch andere Kessel sind, bei richtiger Behandlung allerdings erst nach 30jährigem und längerem Betrieb solchen Schäden ausgesetzt.

Bei schmiedeeisernen Kesseln kommen Risse durch nachträglich entstandene Spannungen mitunter dann vor, wenn in nicht genügend sachgemäßer Weise Schweißungen zur Beseitigung etwa eines Rostschadens vorgenommen sind. Beachtenswert ist, daß dann selten die neuen Schweißnähte reißen, sondern daß der neue Schaden meist in der Nähe der Schweißnaht, parallel zu derselben eintritt.

b) Kesselsteinrisse. Sehr ähnlich in der unmittelbaren Ursache sind die Kesselsteinrisse an Gußkesseln. Sie unterscheiden sich von den Spannungsrissen in der Hauptsache dadurch, daß sie stets 20—30 cm oberhalb des Rostes, also in der Gegend der stärksten Glut auftreten und im Gegensatz zu den eigentlichen Spannungsrissen horizontal verlaufen. Abb. 3. Fast stets sind die Glieder beiderseits des Risses stark gerötet. Man findet derartige Risse fast nur bei Warmwasserheizungen.

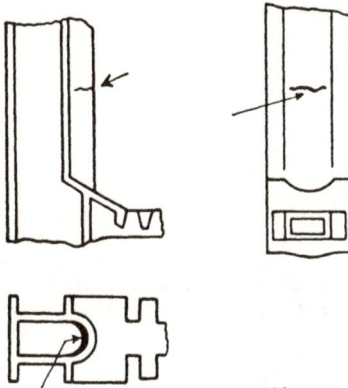

Kesselsteinablagerung

Abb. 3.
Kesselsteinriß.

Wenn die beschriebenen Erscheinungen aufgetreten sind, ist mit großer Sicherheit auf das Vorhandensein von Kesselstein zu schließen. Man hüte sich aber dann, zum Nachweis das Glied zu zerschlagen, wie es leider vielfach üblich ist, denn dabei platzt sehr leicht die Kesselsteinschicht vom Eisen ab und ist schwer einwandfrei festzustellen. Zeitraubender, aber erheblich besser ist ein Durchsägen des schadhaften Gliedes in der Nähe der Bruchstelle, wobei man stets das Vorhandensein und die Stärke der Ablagerung feststellen kann. Sie ist in der angegebenen Höhe unmittelbar an der Feuerung am stärksten und nimmt nach allen Richtungen, am langsamsten nach oben hin, ab.

Wenn Kesselstein als Ursache eines Schadens festgestellt ist, so muß unter allen Umständen nach Ersatz der beschädigten Teile aus den anderen Gliedern der Kesselstein entfernt werden, da sonst in Kürze mit neuen Schäden unbedingt zu rechnen ist.

Früher hat man die Beseitigung stets mit verdünnter Salzsäure (1 Teil konzentrierter Säure auf 3 Teile Wasser) vorgenommen. Der Kessel wurde von der Rohrleitung getrennt, und von den oberen Anschlüssen zur Abführung der sich bildenden Gase eine Hilfsrohrleitung ins Freie an eine Stelle geführt derart, daß die austretenden Gase nicht etwa vorbeigehende Menschen oder Tiere schädigen können.

Die fertige Säurelösung wird dann in den Kessel gebracht, und sofort beginnt eine lebhafte Bildung von stark wasserstoffhaltigen

2*

brennbaren Gasen, die aber durch mechanisch mitgerissene Säure- und Wasserteile sehr schädlich wirken können. Wenn die Gasentwickelung nachläßt, wird der Kesselinhalt durch ein leichtes Holzfeuer langsam erwärmt und möglichst zwei Stunden lang in mäßigem Kochen gehalten. In dieser Zeit wird der Kessel von außen her mit leichten Hammerschlägen bearbeitet, durch welche gelockerter Kesselstein von den Wandungen herunterfallen soll. Nach Beendigung dieses Verfahrens und Erlöschen des Feuers ist der Kessel, möglichst durch Entfernung eines unteren Flansches, sehr schnell zu entleeren. Dabei kommen neben dem gelösten Kesselstein meist ungelöste Stücke und Schlamm heraus. Die Reinigung wird fortgesetzt durch kräftiges Nachspülen mit kaltem, frischem Wasser. Damit die letzten Reste von Säure entfernt werden, wird darauf der Kessel nochmals mit einer Sodalösung gekocht und wieder in gleicher Weise ausgespült.

Es wird vielfach behauptet, daß auch bei der sorgfältigsten Behandlung Säurereste im Kessel verbleiben, welche nach kurzer Zeit zu Zerfressungen Anlaß geben können. Deshalb sind verschiedene andere Verfahren ausgebildet worden, welche den Kesselstein — auch solchen, der gegenüber der Salzsäure widerstandsfähig bleibt, wie schwefelsaurer und kieselsaurer Kalk — zur Auflösung bringen, ohne dem Kessel irgendwie zu schaden. Die Versuche in dieser Richtung sind noch nicht genügend weit ausgedehnt, um ein abschließendes Urteil über ihren Wert geben zu können.

Nach der Reinigung muß unter allen Umständen eine Druckprobe vorgenommen werden. Denn es können bereits in den scheinbar noch unbeschädigten Teilen Risse entstanden sein, die zunächst noch durch den Kesselstein verdeckt, nach der Reinigung aber freigelegt worden sind.

Nach der Beseitigung des Kesselsteins ist darauf zu achten, daß durch richtige Maßnahmen die Neubildung verhindert wird.

Selbstverständlich bildet sich der Kesselstein nur, wenn in größeren Mengen frisches Wasser mit starkem Gehalt an Kesselsteinbildnern nachgespeist wird.

Einen sicheren Schutz bildet die richtige Anwendung einer guten Enthärtungsanlage für das Speisewasser. Die Anbringung einer solchen Anlage scheitert aber fast stets an den Anschaffungskosten, und auch die beste Einrichtung wird im Betriebe der Zentralheizungen nur zu oft nicht richtig benutzt. Dann gibt es nur ein Mittel, und zwar, die Speisungen selbst ganz zu vermeiden oder doch auf ein Mindestmaß einzuschränken.

Es ist wohl eine Selbstverständlichkeit, daß jede Undichtheit in der Anlage verhindert bzw. beseitigt werden muß. Ferner ist durch strenge Betriebsüberwachung darauf zu achten, daß eine Entnahme von warmem Wasser aus der Anlage nicht stattfindet. Vielfach besteht die üble Angewohnheit, das Wasser zur Reinigung des Hauses aus den Kesseln zu entnehmen und das dann fehlende Wasser nachzuspeisen. In einem besonderen Falle konnte ich die Wiederholung der bereits recht oft aufgetretenen Kesselsteinschäden dadurch verhindern, daß ich am Eingang zum Kesselraum eine Zapfstelle von der vorhandenen Warmwasserversorgung anbringen ließ.

Bei großen Anlagen wird es sich oft nicht vermeiden lassen, daß Teile der Anlage wegen irgendwelcher Veränderungen entleert und wieder gefüllt werden müssen. Hierdurch sind schon sehr viele Gußkessel zerstört worden. Das sicherste Mittel gegen Schäden in einem solchen Fall ist die Anwendung der mittelbaren Wassererwärmung in einer Dampf-Warmwasserheizung. Bei Änderungen werden die Dampfkessel nicht entleert, und der geringe Wasserinhalt kann auch kaum Anlaß zu schädlicher Kesselsteinbildung geben. Ein Ansatz kann nur in den Wassererwärmern, den Gegenstromapparaten stattfinden, und hier kann er wohl die Wärmeübertragung verhindern und die Wirkung der Heizungsanlage beeinträchtigen, aber nie eine Beschädigung zur Folge haben. Es ist Sache des entwerfenden Ingenieurs, in jedem einzelnen Falle zu ermitteln, ob und unter welchen Bedingungen eine solche Umwandlung möglich ist. Es kann vorkommen, daß zur Durchführung des Gedankens die Aufstellung einer Umwälzpumpe erforderlich wird.

Ein eigenartiger Fall eines Kesselsteinschadens, der wohl ziemlich vereinzelt dastehen dürfte, sei hier eingehender behandelt. In einer großen Anlage, die wegen verschiedener Änderungen mehrere Male vollständig neu gefüllt werden mußte, platzte kaum ein halbes Jahr nach der Fertigstellung ein Kessel eines guten, bewährten Fabrikates. Der Riß verlief an der vorderen, äußeren Stirnwand oberhalb der Reinigungstür horizontal und klaffte bei der Feststellung während des Betriebes etwa 2 mm weit. Als das Glied ausgebaut war, konnte er kaum gesehen werden.

Beim Auseinandersägen stellte sich heraus, daß die nach dem Feuerraum liegende Wand des Vordergliedes auf der Wasserseite eine gleichmäßige, etwa 1 mm starke Kesselsteinschicht aufwies. Hierdurch war die Wärme gestaut worden, die Wandung bekam eine sehr hohe Temperatur, während die gegenüberliegende Wand des Gliedes durch das Wasser und die Luft des Kesselraumes stark gekühlt war. Die Dehnung der Innenwandung übte auf die Außenwand einen so starken Zug aus, daß der beobachtete Riß entstand, der sich aber vollständig schloß, als ein Temperaturausgleich eintrat.

c) Schäden durch Bedienungsfehler. Bei grober Fahrlässigkeit des Heizers kann ein Dampfkessel mit erheblich zu niedrigem Wasserstand weiter betrieben werden, und die Wandungen dadurch unzulässig hohe Temperaturen bekommen. Bei größeren Warmwasserheizungen ist, sofern die ministeriellen Sicherheitsvorschriften beachtet werden, ein solcher Fall kaum möglich. Nur bei den Kleinstheizungen für einzelne Wohnungen, den sog. Etagenheizungen, ist ein solcher Wassermangel nicht ausgeschlossen.

Dauert die Überhitzung einige Stunden unbemerkt an, so tritt die schon früher erwähnte Strukturänderung des Gußeisens ein, und auch bei sorgfältigster Behandlung nach Entdeckung des Fehlers kann der Kessel kurze Zeit später durch innere Spannungen zerstört werden. Die Spuren einer solchen falschen Bedienung sind mit Sicherheit in der vollständigen Rötung des Feuerraumes festzustellen, auch wenn danach kein Schaden eintritt. Risse, die später eintreten, verlaufen unregelmäßig, aber niemals wie bei Kesselsteinrissen, horizontal.

Schliffe und Ätzungen an zerstörten Gliedern geben einwandfreie Beweise für den Vorgang.

Wird der Wassermangel sehr bald bemerkt, so kann durch Herausreißen des Feuers und langsames Abkühlen in vielen Fällen der Kessel ganz oder teilweise gerettet werden, auch wenn schon starke Rötungsspuren vorhanden sind. Wenn aber der Heizer versucht, durch schnelles Nachspeisen den Wassermangel zu beseitigen, so kann man mit Sicherheit damit rechnen, daß wenigstens einige Glieder des Kessels platzen, und zwar vor allen Dingen an den Stellen, an welchen die Überhitzung am größten gewesen ist. Sind noch im unteren Teil des Kessels genügende Wassermengen vorhanden gewesen, um den Rost und die nächstgelegenen Teile zu kühlen, so treten die Risse im oberen Teil auf, wenn aber schon zu viel Wasser verschwunden war, so platzt der Kessel nahe dem Rost an der Stelle der höchsten Erhitzung.

Als ganz ungewöhnlich ist wohl ein Fall zu bezeichnen, in dem die Kesselglieder nicht nur gesprungen, sondern sogar zusammengeschmolzen sind.

Tritt der Wassermangel und das Nachspeisen schnell genug hintereinander ein, so kommen keine Strukturänderungen vor, und man kann dann mit Sicherheit aus dem Befund schließen, daß nur das kalte Nachspeisen Ursache des Schadens war.

Bei schmiedeeisernen Kesseln kann Kesselstein und Wassermangel ebenfalls zu Überhitzungen der Wandungen führen. Wenn die Temperatur unterhalb der Rotglut bleibt, so sind mit ihrer Senkung auch die Möglichkeiten eines Schadens ausgeschaltet. Bei länger anhaltender Glut ist ein langsames Verbrennen des Eisens zu befürchten. Plötzliches Abkühlen kann nur auf die Nähte, die in der Nähe der glühenden Bleche liegen, schädlich einwirken, ein Reißen des Bleches ist ziemlich ausgeschlossen. Nur wenn der glühende Kessel Druck bekommen kann, ist ein Eindrücken der Wandung bis zur Unbrauchbarkeit des ganzen Kessels denkbar. Mir ist ein einziger derartiger Fall bei einem Hochdruckdampfkessel bekannt.

d) Frostschäden. Da die Kessel meist in einem an sich ziemlich warmen Keller liegen, sind solche Frostschäden an den Kesseln selbst außerordentlich selten.

Wenn doch einmal ein Dampfkessel einfriert, so kann sich das Wasser innerhalb der Glieder eines Gußkessels frei ausdehnen, und Schäden kommen nur an den Verbindungsstellen vor.

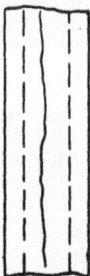

Abb. 4. Riß durch Einfrieren.

Eine Sprengung von Kesselgliedern ist bei Frost im Keller nur bei Warmwasserkesseln zu befürchten. Die hierbei entstehenden Risse verlaufen stets senkrecht, und weichen nicht wesentlich von der Naht ab, welche beim Guß an der Stelle sichtbar ist, an der die beiden Formhälften aufeinandertreffen. Abb. 4.

Viel leichter entstehen, allerdings nur bei Warmwasserheizungen, Frostschäden dadurch, daß das Ausdehnungsgefäß oder die Ausdehnungsleitungen einfrieren und nun beim Heizen ein zu hoher Druck entsteht, dem das Kesselmaterial nicht gewachsen ist. Wenn in einem solchen Falle eine andere Stelle der Heizungsanlage schwächer ist, so daß hier das Wasser nach eingetretenem Bruch entweichen kann, so wird der Kessel unbeschädigt bleiben. Dieser Fall wird fast immer eintreten, wenn schmiedeeiserne Kessel mit Gußheizkörpern arbeiten, und auch bei Gußkesseln meist bei Verwendung von Radiatoren alten, schweren Modells. Nur bei Verwendung von schmiedeeisernen Heizkörpern, Rohren mit oder ohne Rippen und Radiatoren mit Säulen von nahezu rundem Querschnitt (Leichtradiatoren) werden Gußkessel leichter beschädigt werden. Man muß dann damit rechnen, daß aus der Kesselwandung größere Stücke herausgedrückt werden. Die Risse verlaufen, auch wenn nicht ganze Wandungsteile herausspringen, unregelmäßig.

Sobald an einem Gußkessel aus irgendeinem der erwähnten Gründe Beschädigungen auftreten, sollte man wenigstens das schadhafte Glied auswechseln. Gußschweißungen werden auch heute noch ausgeführt. Bei sorgfältiger Durchführung sind die Kosten nicht wesentlich geringer als die für den Ersatz, wenigstens soweit es sich um Modelle handelt, die noch auf dem Markt sind. Es besteht aber stets die Gefahr, daß durch das Schweißen neue Spannungen auftreten, die zu einer baldigen Wiederholung des Schadens führen.

e) Ermüdungsrisse. Ist für die Risse als Erklärung nur die Ermüdung des Materials zu finden, so ist dringend zu raten, den ganzen Kessel auszuwechseln. Denn es muß befürchtet werden, daß auch die noch unbeschädigten Glieder sehr bald, vielleicht noch in der gleichen Heizperiode, springen und ersetzt werden müssen. Bei Schäden an Kesseln mit Gewindenippeln kann man stets Ermüdung als Ursache annehmen, und man sollte dem Besitzer unter allen Umständen die Kosten ersparen, die schon durch den Versuch des Abbauens einzelner Glieder entstehen.

III. Schäden an den Verbindungen.

a) Nietverbindungen. Von den Verbindungen sind als die ältesten die Nietverbindungen bei schmiedeeisernen Kesseln zu erwähnen. Hier treten Undichtheiten vor allen Dingen dann auf, wenn die Ausführung der Nietarbeit nicht genügend sorgfältig war. Es können dann sowohl an den Nieten selbst als auch in der Nähe der Nieten zwischen den Blechen Wassertropfen erscheinen.

Wenn das Eisen im weiteren Umkreise keine Spuren von Rost zeigt außer etwa außen da, wo die Wassertropfen heruntergelaufen sind, so kann man mit Sicherheit schlechte Arbeit als Ursache der Undichtheit ansehen. Wenn diese nicht gar zu groß ist, kann durch vorsichtiges, nicht zu eng begrenztes Verstemmen der Nietköpfe und der Bleche Abhilfe geschaffen werden. Man hüte sich aber davor, den Autogenbrenner heranzuholen. Die starke Erhitzung eines Teiles der Nietnaht wird mit Sicherheit dazu führen, daß andere bisher gute Verbindungsteile undicht werden.

Ist eine Beschädigung durch zu starke Inanspruchnahme, etwa beim Einfrieren einer Ausdehnungsleitung einer Warmwasserheizung, eingetreten, so sind vielfach die Niete abgerissen oder diese gegen die Bleche und auch die Bleche gegeneinander verschoben. Bei genauer Besichtigung der Nietnaht wird man stets Spuren einer solchen Verschiebung entdecken. Abb. 5.

Bei solchen Schäden ist immer zu befürchten, daß außer der Vernietung selbst auch Teile des Bleches eingerissen sind, wenn man vielleicht auch noch keine größeren Risse sieht. Wenn man nicht sofort den ganzen derart überanstrengten Kessel herausreißen will, sollte man zur Aufdeckung noch nicht bemerkter Schäden den Kessel nicht nur kurze Zeit, sondern mehrere Stunden lang, am besten über Nacht, unter einem reichlich hohen Probedruck halten, für dessen Größe ich das Doppelte des Betriebsdruckes, mindestens aber 3 at vorschlage.

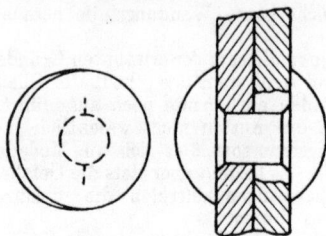

Abb. 5. Durch Frost entstandene versteckte Risse in Nietungen.

Sind die Nieten durch Rost angegriffen, ohne daß die Bleche gelitten haben, so genügt eine sorgfältige Reinigung der Nietlöcher und Einziehung neuer Niete, die genau wie die ursprünglich vorhandenen gut verstemmt werden müssen.

Recht selten sind die Beschädigungen der Nietnähte durch Verbrennung. Sie kommen nur dann vor, wenn die Nähte einer scharfen Feuerwirkung ausgesetzt sind. Da bei dem Entwurf stets darauf gesehen wird, daß die Nähte geschützt liegen, so kann der Fall eigentlich nur eintreten, wenn Mauerwerk, das einen Schutz gegen zu starke Erhitzung geben soll, beschädigt ist. Falls eine Instandsetzung des Kessels durch Auswechselung einiger Teile möglich ist, muß selbstverständlich darauf geachtet werden, daß auch das schützende Mauerwerk wieder in guten Zustand gesetzt wird.

b) Feuerschweißungen. Feuergeschweißte Verbindungen, die früher für den Ansatz des Füllschachtes eines Flammrohrkessels oft verwendet wurden, sind bei guter Ausführung ebenso haltbar wie die unbearbeiteten Bleche.

c) Autogenschweißungen. Autogen-Schweißnähte sind bei sachgemäßer Ausführung in neuem Zustande dem unbearbeiteten Blech vollständig gleichwertig. Schlechte Ausführung, die durch noch so genaue Besichtigung mitunter nicht festgestellt werden kann, macht sich aber bei einer Druckprobe, welche durch kräftiges Abklopfen unter Druck ergänzt werden soll, durch eine, wenn auch geringe Durchlässigkeit oder durch Aufreißen bemerkbar. Nicht in allen Kesselwerken wird diese Probe mit der genügenden Sorgfalt vorgenommen, und es ist zur Vermeidung von schweren Belästigungen und Schäden dringend zu empfehlen, jeden Kessel vor dem Einbau an der Verwendungsstelle nochmals in der angegebenen Weise abzudrücken.

Da an den Schweißstellen Eisensorten von etwas verschiedener Zusammensetzung aufeinanderstoßen, und zudem durch geringe Rauh-

heiten das Festsetzen von Luftblasen erleichtert ist, sind die Schweißnähte in höherem Maße dem Rostangriff ausgesetzt als das glatte Eisen-
blech. Alle Ausführungen über Rostschäden gelten hier sinngemäß.

d) Verbindungsnippel. Eines der wichtigsten und auch emp-
findlichsten Elemente zur Verbindung der gußeisernen Kesselglieder
ist der Verbindungsnippel.

Früher wurden vielfach Gewindenippel verwendet, das sind kurze
Rohrstücke mit Rechts- und Links-Außengewinde, das in entsprechende
Innengewinde der Glieder greift. Die Verbindung der Glieder ist dadurch eine sehr starre, und wegen der Schwierigkeit von Instandsetzungsarbeiten bei eingetretenen Schäden ist sie heute wohl von allen
Kesselfirmen verlassen. Nur eine Fabrik von schmiedeeisernen Glieder-
kesseln hat m. W. diese Art der Verbindung wieder aufgegriffen bzw.
beibehalten.

Ein undicht gewordener Gewindenippel kann nicht wieder dicht
gemacht werden. Meist ist auch seine Entfernung mit den größten
Schwierigkeiten verbunden, da er mit dem Kesselglied zusammenrostet
und eine fast einheitliche Masse mit diesem bildet. Der Versuch, einen
Gewindenippel herauszudrehen, endet sehr oft mit einer Zerstörung des
Kesselgliedes.

Die Starrheit der Verbindung führt zu einer schnellen Ermüdung
des Materials des Gliedes, und daher sind bei Kesseln mit Gewinde-
nippelverbindung Kesselschäden nach wenigen Betriebsjahren nichts
Seltenes. Es ist unter allen Umständen zu empfehlen, solche Schäden
durch Auswechselung des ganzen Kessels zu beseitigen.

Die glatten Nippel wurden zeitweise als zylindrische Nippel ausgeführt und in die Bohrungen der Glieder eingewalzt. Solche Kessel
hatten dann keine Ankerverschraubungen und wurden nur durch die
Nippel zusammengehalten.

Wenn ein zylindrischer Nippel durch Rost angegriffen wird, so
wird die Verbindung der Glieder undicht. Eine Nippelauswechselung
wird dann für längere Zeit Ruhe schaffen. Allerdings sollte sich die
Erneuerung nicht nur gerade auf den als schadhaft festgestellten, sondern auf alle Nippel des Kessels erstrecken.

Anders liegen die Verhältnisse, wenn ohne Rostangriff nur durch
das Arbeiten der Glieder eine Lockerung eingetreten ist. Dann kann
man sich damit begnügen, den gelockerten Nippel nachzuwalzen.

Später wurden die Nippel aus schmiedeeisernem Rohr nach beiden
Seiten schwach konisch hergestellt, und die Kesselglieder durch Anker-
schrauben gegen die Kegelflächen gedrückt. Hier ist eine Lockerung
durch das Arbeiten kaum zu erwarten. Wohl aber kann durch die ungleichmäßige Ausdehnung der beiden Eisensorten in die abdichtenden
Flächen Wasser treten und Rosterscheinungen hervorrufen. Ein Nach-
walzen, wie es früher oft genug vorgenommen wurde, hat dann nur
vorübergehenden Erfolg, nach ziemlich kurzer Zeit wird der Schaden
von neuem auftreten. Es ist zu empfehlen, undichte schmiedeeiserne
Nippel vollständig auszuwechseln.

Die weitaus größte Sicherheit gegen Schäden bieten die balligen,
gußeisernen Nippel, welche durch Anker gegen die Dichtflächen in die
Glieder gedrückt werden. Selbstverständlich ist es erforderlich, daß

der Guß der Nippel und der des Kessels genau gleiche Zusammensetzung hat. Deshalb sollen Nippel und Glied stets aus der gleichen Fabrik kommen.

Diese Nippel haben meist die gleiche Haltbarkeit wie die Glieder selbst, und eine Zerstörung findet erst statt, wenn auch der Kessel ausgedient hat. Nur in Ausnahmefällen wird ein solcher Nippel vom Wasser angefressen und muß dann erneuert werden.

e) Flanschen. Nur bei wenigen Kesselbauarten findet die Verbindung der Glieder durch Flanschen statt. Diese sind meist recht schlecht zugänglich. Wie bei jeder Flanschverbindung kann hier eine Schraube abreißen oder eine Dichtscheibe beschädigt werden. Zur Erneuerung müssen alle Verbindungen zwischen den betroffenen Gliedern gelöst, die Flächen sorgfältig gereinigt und mit neuen Dichtscheiben wieder verbunden werden. Die Schrauben sind meist sehr schlecht zugänglich, und daher ist eine solche Arbeit fast immer außerordentlich zeitraubend.

Kessel dieser Bauart werden immer mehr zugunsten derer mit balligen Nippeln verlassen.

Von den Nippel- und Flanschenkesseln ganz verschieden sind die, deren Glieder untereinander keine Verbindung haben, sondern nur einzeln an außenliegende Sammler angeschlossen sind.

Die Verbindung mit den Sammlern erfolgt durch Flanschen oder durch Gewindenippel, die nach der einen Seite konisches Gewinde haben, während sie nach der anderen Seite mit langem, durchgeschnittenem zylindrischen Gewinde und Gegenring für Packungsdichtung versehen sind.

Bei verschiedenen Kesseln dieser Bauart hat sich gezeigt, daß der Kessel „wächst", d. h. daß durch Rostbildung die Bautiefe der einzelnen Glieder etwas zunimmt. Dann verschieben sich die Bohrungen an den Gliedern gegenüber denen an den Sammlern, und die Verbindung wird auf Abscherung beansprucht. Bei Flanschverbindungen reißen die Schrauben ab, wenn nicht gar der Flansch bricht, bei Gewindeverbindung wird leicht das Gewinde ausgerissen, und zwar ist es dann das Gußeisen des Gliedes, das seiner größeren Sprödigkeit wegen mehr zur Zerstörung neigt als das Rohr.

Bei solchen Kesseln empfiehlt es sich stets, den Kessel vollständig auseinanderzunehmen, alle Flächen sorgfältig zu reinigen, insbesondere alle Rostansätze zu beseitigen, nötigenfalls Gewinde nachzuschneiden, Nippel oder Schrauben und Dichtungen zu erneuern und den Kessel neu zusammenzubauen. Nach einer sorgfältigen Reinigung kann der Kessel wieder jahrelang ohne Störung in Betrieb bleiben.

IV. Maßnahmen für bessere Instandsetzung.

Von außerordentlich großer Bedeutung bei der Instandsetzung beschädigter Kessel ist die gute Zugänglichkeit der auszubessernden Teile.

Bei schmiedeeisernen Kesseln mit Siederohren, welche der Beschädigung erfahrungsgemäß am meisten ausgesetzt sind, werden wohl stets Reinigungstüren derart eingesetzt, daß man durch dieselben einzelne Rohre herauszuziehen und auch wieder einsetzen kann. Ebenso ist meist durch diese Türen das Einwalzen in die Böden möglich.

Um an die Mantelteile gelangen zu können, wird es immer erforderlich sein, einen Teil der Einmauerung abzureißen.

Für größere Reparaturen sollten bauliche Maßnahmen getroffen sein, um den ganzen Kessel herausschaffen bzw. einen neuen hereinbringen zu können. Wenn derartige Vorsicht nicht angewendet ist, kann man sich gezwungen sehen, einen schadhaften Schmiedeeisenkessel durch einen gußeisernen Gliederkessel zu ersetzen und die Betriebsunbequemlichkeiten in Kauf zu nehmen, welche sich durch den Betrieb verschiedenartiger Kessel leicht ergeben.

Nicht eingemauerte Kessel sollen immer tatsächlich soweit freistehen, daß man ohne besondere Mühe an alle Teile herankommen kann. Es ist also unbedingt zu verwerfen, wenn eine ganze Reihe von Kesseln dicht nebeneinandergestellt wird, so daß man an einen der mittleren nur herankommt, nachdem man einen oder gar mehrere andere abmontiert hat. Abb. 6. Am besten stellt man die Kessel so auf, daß

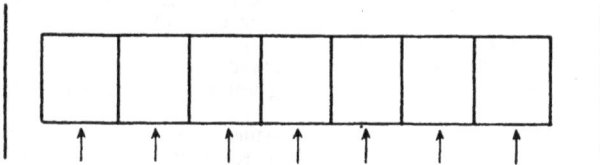

Abb. 6. Schlechte Kesselanordnung.

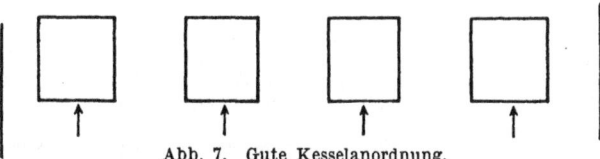

Abb. 7. Gute Kesselanordnung.

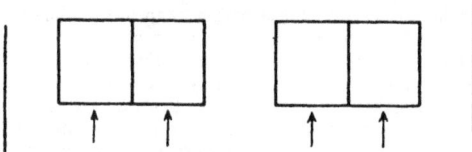

Abb. 8. Noch zulässige Kesselanordnung.

zwischen je zweien derselben ein Abstand von etwa 1 m vorhanden ist. Abb. 7. Es bedeutet schon eine Erschwerung der Arbeit, wenn der Abstand verringert wird. Man sollte nie zugeben, daß die Verringerung weiter getrieben wird als bis auf 0,6 m.

Wenn der Raum sehr beengt ist, kann man allenfalls zwei Kessel zu einem Block zusammenstellen. Abb. 8. Dann kann man die

Arbeit wenigstens von einer Seite her unbehindert vornehmen und, wenn nötig, den ganzen Kessel von dort aus verschieben und vollständig freistellen.

Kesselanlagen, welche den Bedingungen der Instandsetzung nicht genügen, sind leider recht oft zu finden. Man sucht für diesen wichtigsten Teil der Anlage irgendeinen sonst nicht verwendbaren Raum aus, und nur zu oft wagt der ausführende Ingenieur seine Bedenken nicht zu äußern, da sonst vielleicht der Auftrag anderweitig vergeben werden könnte. Ein klarer und recht kräftiger Hinweis auf die schweren Folgen im Falle eines Schadens wird fast stets den Bauherrn dazu bringen, einen geeigneteren Kesselraum zur Verfügung zu stellen.

C. Rohrschäden.

I. Kondensleitungen.

Rohrwandungen werden genau wie die schmiedeeisernen Kessel recht oft vom Wasser angegriffen und rosten durch. Erfahrungsgemäß ist die Erscheinung bei Warmwasserheizungen sehr viel seltener als bei Dampfheizungen, und hier werden vor allen Dingen die Kondenswasserleitungen betroffen, welche teilweise abwechselnd mit Luft und Wasser gefüllt sind und teilweise zwar ständig unter Wasser stehen, das aber vorher mit der Luft in Berührung war und größere Menge davon lösen konnte.

Da bei Auftreten eines Rostschadens wahrscheinlich größere Strecken schon angefressen sind und in Kürze zu einer Wiederholung der Instandsetzungsarbeiten zwingen würden, ist bei dem kleinsten Rostloch nicht etwa ein Zuschweißen desselben, sondern eine Erneuerung der Rohrleitung zu empfehlen.

Die Verlegung einer Leitung unter einem festen Kellerboden erschwert jede Arbeit in hohem Maße, und deshalb sollte, wo eine solche Verlegung angetroffen wird, bei einer Reparatur darauf gedrungen werden, daß Fußbodenkanäle mit abnehmbaren Abdeckungen angebracht werden.

Nicht so häufig sind die Rostangriffe von außen her. Diese können in ihrem vollen Umfange verhältnismäßig leicht erkannt werden, und der Umfang der Instandsetzungsarbeiten kann daher ohne weiteres auf das unbedingt erforderliche Maß beschränkt werden.

Allgemein bekannt ist, daß die Rohre angefressen werden, wenn sie dauernd oder doch wenigstens häufig von Wasser oder einer anderen angreifenden Flüssigkeit bespült werden. Besonders gefährlich ist eine auch geringe Feuchtigkeit bei Rohren, die in Kohlenschlacke liegen. Durch einzelne Bestandteile der Schlacken wird das Wasser so scharf angreifend, daß schon nach wenigen Monaten ein vollständig gesundes, starkwandiges Rohr zerstört werden kann. Es ist dringend zu raten, die Rohre entweder ganz frei zu verlegen oder, wenn die besonderen Verhältnisse eine Füllung des Kanals erforderlich machen, hierfür reinen, ganz trockenen Sand zu nehmen. Wasseransammlungen um das Rohr herum sind auf das Sorgfältigste zu verhindern.

Ein besonderer, allerdings wohl vereinzelter Fall sei hier erwähnt. Die Rohre einer Warmwasserheizung waren innerhalb einer Wand auf

etwa 1 m Länge sowohl im Vorlauf als auch im Rücklauf vollständig
zerstört. Die Wand selbst war auch auf eine größere horizontale Entfernung von dem zerstörten Strang vollständig durchnäßt und von
einer in der Mitte des zerstörten Stranges quer zu der Heizungsleitung
führenden elektrischen Leitung war, trotz der Verlegung in Eisenrohr,
nach Beschädigung dieser Eisenrohre auf eine größere Strecke die Isolierung schadhaft geworden. Vermutlich war zunächst die Nässe in
die Wand gekommen, hatte die Rohre und die Isolierung der elektrischen Leitungen zerstört und nun konnte der Gleichstrom zum Teil
durch das nasse Mauerwerk und die Heizungsrohre gehen und hier zu
der Zerfressung der Heizungsleitungen führen. Hier mußte vor allen
Dingen die elektrische Leitung in Ordnung gebracht werden und dann,
nach Erneuerung der Heizungsrohre durch kräftiges Heizen die Wand
getrocknet werden.

II. Schlechte Verbindungen.

Die häufigste Rohrbeschädigung, die allerdings durch sorgfältige
Montage leicht vermieden werden kann, entsteht durch Undichtheiten
in den Verbindungen. Besonders dann, wenn an Gewindeverbindungen
durch Verbleiben des überschüssigen Hanfes Wasser aus nicht ganz
dichten Verbindungen in größeren Mengen am Rohr festgehalten wird,
entstehen unter Mitwirkung der Luft Roststellen, welche besonders die
an sich schon schwachen Stellen in den Gewinden weiter durchfressen.
Schon lange vor der Zerstörung macht sich der Schaden durch recht
häßliche Rostflecken bemerkbar.

Bei den Rohrverbindungen sind Undichtheiten wohl stets die Folge
einer schlechten Verarbeitung.

Bei den Muffenverbindungen der Gewinderohre sind es besonders
die Verpackungsdichtungen (Langgewinde), die Wasser durchlassen.
Dichtheit ist mit Sicherheit nur dann zu erzielen, wenn sowohl Muffe
als auch der Gegenring gut ausgefräst sind, so daß bei dem Anziehen
die Packung nur zusammengedrückt, aber nicht verschoben wird. Bei
der Packung selbst muß der Hanf gleichmäßig mit der Dichtmasse
durchtränkt sein, und diese muß bei dem Festziehen des Gegenringes
nahezu trocken sein. Zu dünnflüssige Masse kann in der angezogenen
Verbindung nicht mehr fest werden und wird auch bei ganz geringem
Druck im Rohr herausgepreßt.

Muffen auf konischem Gewinde müssen auch ohne Dichteinlage
ziemlich stramm gehen, denn sonst kann Wasser zwischen Muffe und
Rohrgewinde heraustreten. Undichtheiten am konischen Gewinde eines
Langgewindes kann man meist durch Einlagen von neuem Hanf mit
fast trockener Dichtmasse und kräftiges Anziehen beseitigen. Ein
Nachziehen mit der alten Dichtmasse wird, da diese vielleicht schon
erhärtet und spröde geworden ist, leicht zur Zertrümmerung der alten
führen und ein Abdichten ganz unmöglich machen. — Nur wenn die
Rohrnaht beim Gewindeschneiden aufgerissen ist, hilft das nichts,
dann muß ein Stück Rohr erneuert werden.

Ineinandergedrehte Rohrleitungen mit Rechtsmuffen sind ohne
Einfügung einer neuen Verbindung schwer nachzudichten, denn es
muß sonst meist ein Rohr nach Lösung anderer Verbindungen um eine

volle Drehung weitergeschraubt werden, und das ist in den meisten Fällen nicht möglich. Vor dem Verstemmen solcher Undichtheiten sei dringend gewarnt, meist wird dabei zwar die eine Stelle dicht, dafür aber eine andere an der gleichen Muffe undicht.

Rechts- und Linksmuffen mit konischem Gewinde sind nur dicht zu bekommen, wenn die Muffe auf beiden Rohrenden gleich weit auf das konische Gewinde geschraubt wird. Ein Nachhelfen durch Mehrauflegen von Hanf wird im Augenblick wohl Erfolg haben, aber nach verhältnismäßig kurzem Betrieb wieder zu Undichtheiten Veranlassung geben.

Wenn daher eine konische Rechts- und Linksverbindung nicht dicht hält, hilft meist nur die Einfügung einer weiteren Verbindungsstelle derart, daß man beide Gewinde gleich weit in die Muffe hereindrehen kann.

Rechts- und Linksgewindeverbindungen mit zylindrischem Gewinde und Dichtung durch Spitze auf Fläche (Perkinsverbindung) sind, wenn Rohre und Verbindungsstück aus dem gleichen Material hergestellt sind, bei genauer Bearbeitung unverwüstlich. Ungenaues Aufsitzen der Schneiden auf der Fläche läßt sich durch kein Nachziehen beseitigen. Nur eine sorgfältige Bearbeitung der Rohrenden kann Abhilfe schaffen.

Voraussetzung für eine gute Arbeit ist ein vollständiges Zusammenfallen der beiden Gewindeachsen in der Muffe. Schief geschnittene Muffen machen eine gute Verbindung unmöglich. Auch Ungleichheiten in der Wandstärke der Rohre und dadurch veranlaßte Verschiedenheiten in der Schneide können eine richtige Abdichtung verhindern. Bestes Rohr- und Muffenmaterial ist also Voraussetzung für eine gute Arbeit.

Wird das Verbindungsstück aus anderem Material, z. B. Temperguß hergestellt, oder wird an Stelle des flachen Rohrendes ein Kupferring verwendet, so finden bei der Erwärmung und dem Wiedererkalten ungleichmäßige Dehnungen statt, die, wenn sie auch nur geringe Bruchteile eines Millimeters betragen, doch zu Undichtigkeiten führen müssen.

Schweißverbindungen können nur durch unsachgemäße Arbeit Schäden zeigen. Äußerlich ist eine schlechte Arbeit ohne Druck vielfach nicht zu erkennen. Wenn sich durch Wasseraustritt Poren oder Risse zeigen, so darf nicht nur durch „Aufpappen" von etwas Schweißdraht der Versuch zu einer Instandsetzung gemacht werden, sondern das Material der Naht muß bis auf den Grund zum Fließen gebracht werden, und es wird stets von Vorteil sein, diese Arbeit nach beiden Richtungen vorzunehmen und dann das ganze Stück stark zu erwärmen, damit Spannungen nach Möglichkeit ausgeglichen werden können.

Während die Muffen- und Schweißverbindungen bei der ersten Inbetriebnahme vollständig dicht sein sollen, ist bei allen anderen Verbindungen ein Nachziehen bei der Erwärmung unbedingt erforderlich. Jede Flanschverbindung und die meisten Verschraubungen werden beim Anheizen etwas tropfen, und deshalb ist beim Probeheizen — bei Warmwasserheizungen bei der höchsten Temperatur — ein Nachziehen der Schrauben nötig. Nach dem Erkalten wird zweckmäßig nochmals der Versuch gemacht, die Schrauben fester anzuziehen.

III. Frostschäden.

Genau wie die Kessel können auch Rohre durch Einfrieren der Ausdehnungsleitungen oder durch Frieren des Wasserinhaltes der Rohre selbst zerstört werden.

Jedes gesunde Rohr ist in der Mantellinie weniger widerstandsfähig als in der Richtung um das Rohr herum. Wenn daher nicht gerade durch unsachgemäße Behandlung bei der Herstellung oder Verarbeitung Querrisse entstehen können, werden Frostsprengungen stets in der Mantellinie erfolgen. Auch die durch das Gewinde geschwächten Stellen halten bei einigermaßen sorgfältiger Verarbeitung länger als die Mantellinien, und hier sind es vor allen Dingen die Schweißnähte, die auch bei bester Verarbeitung nicht entfernt so fest sind wie das volle Material.

War die Ausdehnungsleitung eingefroren, so ist mit einiger Sicherheit anzunehmen, daß ein Rohr, wenn nicht vorher eine Entlastung durch Sprengen eines Heizkörpers oder des Kessels erfolgt, in einem Bogen platzt, denn hier ist durch die Erhitzung bei der Bearbeitung eine Schwächung der Widerstandskraft erfolgt.

Nicht ganz mit Wasser gefüllte Rohre erleiden beim Einfrieren keinen Schaden, denn das Eis kann sich in dem gebildeten Hohlraum ausdehnen. Nur vollständig gefüllte Rohre, die durch feste Eispropfen verschlossen sind, werden Beschädigungen zeigen. Die Pfropfen bilden sich am leichtesten in Formstücken, besonders in den Abzweigen, aber auch in Bögen usw.

IV. Entwässerungsschleifen.

Bei Dampfheizungen werden zu allererst die Entwässerungsschleifen eingefroren sein. Wenn sich dann bei dem beabsichtigten Anheizen große Wassermengen bilden, welche den durch die Schleifen gewiesenen Weg verschlossen finden, so füllt sich das Dampfrohr mit Wasser und kann trotz der hohen Dampfwärme leicht zum Frieren kommen. Man wird dann feststellen können, daß die Dampfrohre geplatzt sind, während oft genug die noch nicht mit Wasser gefüllten sog. trockenen Kondenswasserleitungen unbeschädigt bleiben.

Verhindert werden können solche Schäden bei Anlagen gewöhnlicher Art nur dadurch, daß man die Temperatur der Räume, durch welche die Rohre führen, nicht unter den Gefrierpunkt kommen läßt. Man muß also dafür sorgen, daß gefährdete Anlagen oft und lang genug in Betrieb bleiben, so daß eine zu starke Auskühlung nicht eintritt.

Wenn durch besondere Verhältnisse solche Betriebsmaßnahmen nicht durchführbar sind, so ist noch bei Dampfheizungen die Möglichkeit gegeben, reine Einrohrheizungen zu bauen, bei denen das Kondensat überall dem Dampfe entgegen in den Kessel zurückfließt und daher stets in genügend erwärmte Leitungen gelangt. Ein starkes Knallen beim Anheizen solcher Anlagen und vielfach auch im Dauerbetrieb ist allerdings nicht zu vermeiden.

V. Warmwasserheizungen.

Rohrleitungen von Wasserheizungen frieren während des ordnungsmäßigen Betriebes, auch zu Beginn, niemals ein. Gefahr besteht hier nur während der Betriebsunterbrechungen.

Wenn auch die Formstücke zu allererst verstopft sein werden, so tritt eine Beschädigung nicht notwendigerweise hier zuerst ein. Wenn eine gerade Rohrstrecke tieferen Temperaturen ausgesetzt ist, so daß das Eis hier stärker quillt als in den Bögen usw., so kann sehr leicht das Platzen der Naht in der geraden Strecke erfolgen.

VI. Bruch durch Ermüdung.

Auf mangelhafte Arbeit als Ursache von Schäden ist schon hingewiesen. Aber auch ein unsachgemäßer Entwurf kann die gleichen Folgen haben. Wenn ein Rohrbogen oder ein anderer Teil zu starke Bewegungen zur Aufnahme der Ausdehnung infolge der Erwärmung machen muß, so tritt auch bei anfangs einwandfrei dichten Leitungen nach längerer Betriebszeit infolge der Ermüdung des Materials ein Bruch ein. Mitunter ist es möglich, durch Verlegung mit Vorspannung einen späteren Schaden zu verhindern. Man muß die Leitungen dann so verlegen, daß sie im kalten Zustande eine Spannung besitzen, welche der des erwärmten Rohres entgegengesetzt ist. Soll z. B. ein Rohr eine Ausdehnung von 10 mm aufnehmen, so wird es der Ausdehnung entgegen um etwa 5 mm zu kurz geschnitten. Erfolgt die Erwärmung auf die mittlere Temperatur, so liegt das Rohr spannungslos da, und bei voller Erhitzung erfährt es eine Verschiebung von 5 mm über die Ruhelage hinaus. Die Ermittelung solcher Maßangaben soll man aber nicht auf dem Bau vornehmen, sondern dem verantwortlichen Ingenieur im Büro überlassen.

D. Beschädigungen an Heizkörpern.

I. Schäden an schmiedeeisernen Heizkörpern,

die im wesentlichen aus Rohren in irgendeiner Anordnung bestehen, sind, soweit es sich um die das Heizmittel führenden Teile handelt, genau so zu beurteilen und zu behandeln wie die Rohre selbst. Es ist nur zu beachten, daß bei geschweißten Registern oft genug der Fehler gemacht wird, daß auf die verschiedene Ausdehnung der verschiedenen Lagen keine Rücksicht genommen wird, und daß dann an der Verbindung mit dem Sammelstück eine Beschädigung eintritt. Eine Reparatur des Bruches ist ziemlich zwecklos, so lange nicht die Ursache der Beschädigung behoben wird. Es muß eine Anordnung getroffen werden, bei welcher die einzelnen Lagen unabhängig voneinander arbeiten können. Es sei hier auf die Ausführungen im ersten Teil (Material und Werkzeuge) hingewiesen.

Man begegnet neuerdings vielfach schmiedeeisernen Rippenrohren, bei denen die Rippen spiralförmig um das Rohr gelegt sind. Meist sind die einzelnen Rippen so dünn, daß schon auf dem Transport ein Verbiegen derselben vorkommt. Das Ausrichten ist eine äußerst mühevolle Arbeit, die auch viel Zeit in Anspruch nimmt, und es ist stets zu überlegen, ob nicht eine Auswechselung der schadhaft gewordenen Teile angebracht ist.

Aber auch ein anderer Fehler kann leicht auftreten. Die schmiedeeisernen Rippenrohre werden vor allen Dingen verwendet, weil man leicht in der Lage ist, den baulichen Verhältnissen entsprechend die

Länge zu verändern. Die Rippen werden in der Fabrik nur an den Enden mit dem Rohr fest verbunden. Wenn nun ohne vorherige Verschweißung des neuen Rippenendes mit dem Rohr auch nur die Rippe durchschnitten wird, so lockert sich die Spirale und liegt nicht mehr fest auf dem Rohr auf. Abgesehen davon, daß die Rippen dann nicht mehr gleichmäßig fest aufliegen, sondern sich leicht hin und her bewegen lassen, wird dadurch auch die Wärmeübertragung vom Rohr zu den Rippen behindert und die Vergrößerung der Heizfläche durch die Rippen wertlos. Ein nachträgliches Aufdrücken und Festmachen ist vollständig ausgeschlossen. Ein derart beschädigtes Rippenrohr muß unbedingt vollständig ausgewechselt werden.

Ein Nachlassen der Heizwirkung bei voll erwärmtem Rohr kann eintreten, wenn sich zwischen Rippen und Rohr Rost bildet. Eine Beseitigung des Rostes an Ort und Stelle ist ganz ausgeschlossen. Zur Verhinderung der Rostbildung ist eine vollständige Verzinkung des Rippenrohres zu empfehlen.

Zylinderöfen, Plattenheizkörper usw. werden heute kaum noch verwendet. Treten bei älteren Lieferungen Schäden irgendwelcher Art auf, so sind die Ausführungen über Rohre und Kessel sinngemäß ohne weiteres anzuwenden.

II. Gußeiserne Rippenrohre

sind sowohl gegen chemische Angriffe als auch gegen Drucksteigerung außerordentlich widerstandsfähig, und bevor ein solches Rohr zu Schaden kommt, findet meist eine Entlastung an anderer Stelle statt. Sie sind dem Bersten eigentlich nur dann ausgesetzt, wenn Wasser in ihnen gefriert.

Dagegen sind sehr häufig Rippen, vielfach schon auf dem Transport abgebrochen und auf keine Weise zu ersetzen.

Unzweckmäßige Behandlung bei der Montage und in selteneren Fällen unrichtige Anordnung in Bezug auf die Aufnahme der Ausdehnung durch Erwärmung können dazu führen, daß Teile eines Flanschen abbrechen. Es ist dann zu prüfen, ob die örtlichen Verhältnisse die Anbringung eines hintergelegten schmiedeeisernen Flanschen gestatten, oder ob das ganze Rohr ersetzt werden muß. Bei Brüchen durch unsachgemäße Aufnahme der Ausdehnung ist bei solcher Gelegenheit auch in dieser Hinsicht eine Änderung erforderlich.

III. Gußeiserne Radiatoren.

Die größte Verbreitung haben heute wohl die gußeisernen Radiatoren in ihren verschiedenen Formen gefunden. Bei den hochentwickelten Herstellungs- und Prüfungsmethoden ist es heute nahezu ausgeschlossen, daß fehlerhafte Heizkörper auf den Bau kommen. Wenn dieser Fall doch einmal eintritt, so sollte man keine Versuche zur Instandsetzung machen, sondern den schadhaften Teil auswechseln und der Fabrik zur Verfügung stellen.

Gegen Rostangriff sind die Heizkörper praktisch unempfindlich. Mir ist bisher noch kein einziger Fall bekannt geworden, in dem ein gußeiserner Radiator durchgerostet wäre. Früher haben sich nach einiger Betriebszeit gelegentlich poröse Stellen gezeigt, die bei der

Lieferung durch festgebrannten Formsand verstopft waren. Das ist aber heute bei den guten Werken kaum noch zu befürchten.

Gegen eine Drucksteigerung, etwa durch Einfrieren der Ausdehnungsleitung einer Warmwasserheizung, verhalten sich die verschiedenen Modelle sehr verschieden. Die Leichtmodelle mit den fast kreisförmigen Querschnitten von geringem Durchmesser halten meist einen höheren Druck aus als die Rohrleitungsteile, und sie werden daher durch Sprengung eines Rohrstückes wohl stets vor der Erreichung des Gefahrpunktes entlastet. Dagegen sind die alten Schwermodelle die schwächsten Teile, und hier werden aus den Teilen, die wenig oder gar nicht gewölbt sind, ganze Stücke mit unregelmäßigem Bruchverlauf herausgesprengt (Abb. 9). Die Radiatoren mittlerer Schwere, die meist nur mit 3 bis 5 Säulen ausgeführt werden und die neuen 1—3 säuligen Krankenhausmodelle stehen zwischen den beiden erst erwähnten Formen und verhalten sich je nach den besonderen Verhältnissen verschieden.

Abb. 9. Sprengung eines Radiatorgliedes durch Überdruck.

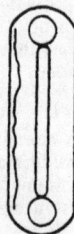

Abb. 10. Frostriß eines Radiatorgliedes.

Alle Gußradiatoren sind aber bei vollständigem Einfrieren dem Zersprengen ausgesetzt. Ein Riß durch Einfrieren ist nach seinem Verlauf deutlich zu erkennen, er geht stets senkrecht in den Säulen und liegt immer nahe der Naht, die durch das Zusammenstoßen der Formkästen gebildet wird. Abb. 10.

Wenn bei Eintritt eines starken Frostes in dem Bau die Heizkörper nicht vollständig entleert sind, so werden die Säulen nicht gesprengt. Sie geben aber dem Eisblock im unteren Teil so viel Halt, daß die unteren Verbindungen auseinandergerissen werden.

Die Verbindung der Gußradiatoren erfolgt durch Rechts- und Links-Gewindenippel. Das frühere Verfahren, die Glieder durch Anker zusammenzupressen, ist vollständig verlassen.

Auch bei konischen Nippeln, wie sie vereinzelt verwendet werden, findet die Dichtung gegeneinander an den sauber bearbeiteten Stirnflächen mittels einer dünnen, eingelegten Dichtscheibe statt. Wenn diese Verbindungen nicht vollständig dicht sind, ist nicht etwa der Nippel nachzuziehen, sondern die Verbindung ist ganz zu lösen, die Dichtflächen sorgfältig zu säubern und eine neue Dichtscheibe einzulegen. Hierbei ist die Verwendung von Hanf, Dichtmasse usw. unbedingt zu unterlassen, da hier Quellen neuer Undichtheiten im Betriebe liegen. Nur die Endstopfen dürfen auf diese Weise behandelt werden.

Besondere Vorsicht ist angebracht, wenn Radiatoren einmal für Dampf verwendet waren und nun mit Wasser betrieben werden sollen. Meist sind durch den Dampf die dünnen Dichtscheiben soweit verbrannt, daß sie zwar den geringen Druck des Niederdruckdampfes aushalten, das Wasser der Warmwasserheizungen aber durchlassen. Bei einer derartigen Umstellung sind die Heizkörper vollständig auseinanderzunehmen und mit neuen Scheiben wieder zusammenzusetzen.

Für Dampf höheren Druckes sind Klingeritscheiben oder vollwertige Nachahmungen zu verwenden.

IV. Schmiedeeiserne Radiatoren.

Es seien hier auch noch die schmiedeeisernen Radiatoren besprochen. Die Gliederhälften werden heute wohl ohne Ausnahme aus Blech gepreßt und elektrisch zusammengeschweißt. Die Verbindung der einzelnen Glieder erfolgt selten durch Schweißung, meist durch Rechts- und Linksnippel in besonderen Verstärkungsscheiben mit Gewinde.

Da diese Radiatoren ausschließlich für Warmwasserheizungen verwendet werden, ist, wie jetzt wohl gesagt werden kann, die Rostgefahr eine recht geringe.

Die Schweißverbindung der beiden Hälften ist nicht bei allen Fabrikaten gleich gut. Vor dem Einbau größerer Heizflächen sollte das Fabrikat darauf geprüft werden, und bei der Abnahme der Anlage ist gerade den Schweißnähten besondere Aufmerksamkeit zu schenken. Unter keinen Umständen ist eine undichte Schweißung an Ort und Stelle nachzuschweißen, sondern ein schadhaftes Glied auszuwechseln.

Gegen Schaden durch Einfrieren sind diese Radiatoren ziemlich unempfindlich. Das Blech besitzt genügende Elastizität um die Ausdehnung des Eises aufzunehmen, und wenn nicht die Nähte reißen, wird vielleicht eine kleine Formänderung nach dem Auftauen zurückbleiben, aber das Blech nicht reißen.

Dagegen befinden sich die Gliederverbindungen noch immer im Versuchsstadium. Instandsetzungsarbeiten an dieser Stelle überlasse man stets dem Lieferwerk.

E. Beschädigungen an Armaturen.

Die Armaturen werden in der Regel aus widerstandsfähigerem Material hergestellt als die Rohrleitungen und Heizkörper, und die Verarbeitung erfolgt in Fabriken, in denen eine strengere Aufsicht durchgeführt werden kann als auf dem Bau. Daher sind Beschädigungen, wenn es sich nicht gerade um ganz billigen Schund handelt, viel seltener als bei den anderen Teilen der Heizung. Allerdings kann Frost auch das beste Ventil usw. sprengen.

Bei den Armaturen zur Regelung der Heizkörper und zum Absperren von Anlageteilen wird stets nach einiger Zeit ein Nachziehen der Stopfbuchsen an den Ventil- oder Hahnspindeln erforderlich sein. Nach einer Reihe von Jahren muß die Packung vollständig erneuert werden.

In solchen Fällen kann man kaum davon sprechen, daß der Teil fehlerhaft ist. Hier liegen Betriebsverhältnisse vor, die nicht geändert werden können, und die Beseitigung der geringfügigen Undichtheiten an diesen Stellen gehört zu den ständig erforderlichen Instandhaltungsarbeiten.

Anders liegen die Dinge, wenn die Regelungsvorrichtungen sich nicht dicht schließen oder nicht öffnen lassen.

I. Drosselklappen.

Bei Drosselklappen kann man nur in der allerersten Zeit mit einem Abschluß rechnen. Die geringste Abnutzung oder das kleinste Schlammteilchen zerstört die Dichtheit und macht die Klappen unwirksam. Nacharbeiten sind aussichtslos, nur eine Auswechselung kann, selbstverständlich auch nur für begrenzte Zeit, Abhilfe schaffen.

II. Hähne.

Wenn über nicht schließende Hähne geklagt wird, so ist zunächst zu untersuchen, ob der Hahngriff und die Teilscheibe richtig stehen. Unterhalb der Schraube, mit welcher der Griff an der Spindel befestigt ist, befindet sich auf der Spindel stets ein Schlitz, welcher die Richtung der Hahnbohrung angibt. Es gibt Ausführungen, bei denen der Griff um 90° verdreht aufgesetzt werden kann (Abb. 11).

Abb. 11. Hahn waagrecht eingebaut.
Offen. Geschlossen.

Weiter ist nachzusehen, ob die Teilscheibe mit Anschlag für den Hahngriffzeiger richtig steht. Auch hier ist bei einigen Fabrikaten der Fehler gemacht, die Scheibe nicht so auszubilden, daß sie sich nicht drehen kann. Oft genug ist eine Verdrehung eingetreten, durch welche beim Anschlagen des Zeigers an die Seite mit der Bezeichnung „Kalt" der Hahn schon wieder ein wenig geöffnet wird. Nur in ganz seltenen Fällen wird genügend Sorgfalt angewendet, um vor dem Anschlagen die richtige Stellung zu erzielen.

Schließlich tritt sehr oft der Fehler ein, daß der Zeiger verbogen ist und dadurch auch bei richtiger Befestigung des Griffes und richtiger Stellung der Teilscheibe der Hahn wieder geöffnet wird. Selbstverständlich ist das nur möglich, wenn ziemlich große Kraft zum Drehen des Hahnes angewendet worden ist. Aber die Bezeichnung „Kalt" veranlaßt oft genug Laien dazu, den Versuch zum festeren Schließen mit Gewalt zu machen, wenn nach dem Abstellen die Raumtemperatur oder im günstigeren Fall die Heizkörpertemperatur nicht schnell genug abnimmt. Neben der Ausrichtung, vielleicht auch dem Ersatz des Griffes muß dann eine richtige Unterweisung der Benutzer erfolgen und ihnen klargemacht werden, daß der Heizkörper selbst und in noch viel höherem Maße die Umfassungswände ein großes Speicherungsvermögen für die Wärme besitzen, das ein schnelles Abkühlen unter allen Umständen verhindert.

Sehr häufig sind die Fälle, in denen ein richtig gestellter Hahn selbst gegen den geringen Druckunterschied in einer Warmwasserheizungsanlage nicht dicht abschließt. Die Ursache ist entweder ein Verziehen des Gehäuses oder des Hahnenkükens oder eine zu starke Abnutzung der Dichtflächen. Eine Instandsetzung des Hahnes ist in einem solchen Falle wohl vollständig ausgeschlossen, das einzige Mittel zur Beseitigung des Übelstandes ist eine Auswechselung.

Hähne, welche dicht schließen, neigen sehr zu einem anderen Übel. Nach verhältnismäßig kurzer Zeit sitzt das Küken in dem Gehäuse so fest, daß es selbst mit größerer Kraftanwendung kaum zu drehen ist, und wenn die Drehung gelingt, einen scharfen, kreischenden Ton von sich gibt.

Wenn es die örtlichen Verhältnisse irgend gestatten, sollte man jeden nicht ganz einwandfrei arbeitenden Hahn durch ein Ventil ersetzen. Die Anlage muß schon sehr schlecht und knapp berechnet sein, wenn dadurch eine bemerkbare Beeinflussung der Erwärmung hervorgerufen werden soll.

III. Absperrschieber,

welche in den kleinen Abmessungen ziemlich selten, in den großen aber recht oft angewendet werden, werden vor allen Dingen durch Ablagerungen aus dem Wasser geschädigt. Wird ein Schieber längere Zeit nicht geschlossen und wieder geöffnet, so kann man mit Sicherheit damit rechnen, daß das Spindelgewinde durch steinartige Ablagerungen ungangbar ist. In einem solchen Falle muß das Wasser abgelassen, der Schieber auseinandergenommen und die einzelnen Teile sorgfältig gereinigt werden.

Ein Schieber, der sich gut bewegen läßt, kann beim Abschließen versagen, wenn sich Ablagerungen vor die Dichtfläche gelegt haben. Das ist besonders leicht möglich, da diese ja stets außerhalb des Wasserstromes liegen und das durchfließende Wasser an ihnen vollständig zur Ruhe kommt. Als Abhilfsmaßnahme kommt auch hier eine gründliche Reinigung in Frage, die allerdings nicht mit harten Werkzeugen vorgenommen werden darf, da die Dichtflächen sonst leicht beschädigt werden können.

Zur Vorbeugung der Wiederholung ist die Anweisung zu geben, jeden Schieber regelmäßig, wenigstens einmal in jeder Woche, vollständig zu schließen und wieder zu öffnen. Schlammteilchen, die sich inzwischen angesetzt haben, sind dann noch nicht fest geworden und werden durch die Bewegung fortgedrückt.

Bei einer Beschädigung irgendwelcher Art ist eine Auswechselung, am besten des ganzen Schiebers, vorzunehmen.

IV. Ventile

sind allen diesen Schäden am wenigsten ausgesetzt. Trotzdem aber sollen sie regelmäßig geschlossen und wieder geöffnet werden, damit sie gangbar bleiben.

Nach einer Reihe von Jahren wird der Dampf oder das Wasser auch die Ventile ein wenig abzunutzen, und der Abschluß ist dann nicht mehr so gut, wie er sein sollte. Dann ist bei dem Ventil stets die Möglichkeit gegeben, den Teller auf den Sitz neu aufzuschleifen und dadurch die Dichtheit wieder herzustellen.

Unter allen Umständen muß zur Erzielung eines dichten Abschlusses der Ventilgriff fest angezogen werden. Es darf dann nicht etwa durch das Anschlagen eines Zeigers an eine Teilungsbegrenzung das Festziehen verhindert werden. Bei Ventilen, an denen ein solcher Anschlag vorhanden ist, muß der Zeiger des Griffes beim Abschluß immer in einer kleinen Entfernung vor dem Anschlag stehen.

V. Stauer.

Als Armatur für Dampfheizkörper war eine Zeit lang der Stauer sehr beliebt, und auch heute findet er noch zu oft Verwendung. Durch den feinen Schlamm, welcher zum Teil in den Heizkörpern als Rest vom Formsand und in den Rohren als Zunder von der Heißbearbeitung zurückbleibt und zum Teil durch Verrostung in der Anlage entsteht, werden die stets sehr engen Durchgangsquerschnitte des Stauers leicht verstopft, und der Heizkörper wird nicht ordnungsmäßig erwärmt. Dann ist eine gründliche Säuberung erforderlich. Man soll sich davor hüten, die Kanäle durch Aufbohren oder Anfeilen zu vergrößern, denn dadurch kann unter Umständen die ganze Wirksamkeit des Stauers aufgehoben werden, Dampf in die Kondensleitung treten und dort die unangenehmsten Störungen, die noch später besprochen werden sollen, hervorrufen. Nach der Reinigung ist eine sehr sorgfältige Einstellung erforderlich, damit das gesamte Kondensat richtig abfließen kann, ohne daß der Dampf durchschlägt.

VI. Ableiter.

Einen ähnlichen Zweck wie mit den Stauern verfolgt man mit den Ableitern. Bauarten, welche nur die verschiedene Ausdehnung verschiedener Metalle zur Erzielung des Abschlusses und des Öffnens benutzen, sind einer Beschädigung kaum ausgesetzt. Dagegen sind die Ableiter mit Patronen, welche mit einer Flüssigkeit gefüllt sind, und auch die mit ähnlich behandelten Röhrenfedern trotz aller Vorsichtsmaßnahmen dem Undichtwerden des Flüssigkeitsbehälters ausgesetzt. Durch den kleinsten Riß, der durch die Ermüdung des Materials schon nach kurzer Betriebszeit eintreten kann, entweicht so viel Flüssigkeit, daß ein ordnungsmäßiges Arbeiten nicht mehr möglich ist. Abhilfe kann nur durch Auswechselung des schadhaften Teils oder besser des ganzen Ableiters geschaffen werden.

VII. Kondenstöpfe.

Schließlich seien noch die Kondenstöpfe erwähnt. Hier bewirken offene oder geschlossene Schwimmer die Bewegung des Abschlußventils oder eines Schiebers. Es gehört wohl zu den Seltenheiten, ist aber durchaus nicht ausgeschlossen, daß diese Apparate durch Undichtwerden der Schwimmer versagen. In einem solchen Falle kann, wenn das Material dazu geeignet ist, sehr wohl durch Lötung oder Schweißung eine Instandsetzung erfolgen.

Auch undichte Ventile oder Schieber solcher Töpfe können nachgeschliffen und dicht gemacht werden. Dabei ist selbstverständlich besonders darauf zu achten, daß die Verbindung zwischen Schwimmer und Abschluß so eingestellt wird, daß bei der vorgesehenen Schwimmerstellung auch der Durchgang dicht geschlossen ist.

F. Schäden an Warmwasserbereitern.

Ein Schmerzenskind der Heizungstechnik in bezug auf die Haltbarkeit sind die Speicherbehälter von Warmwasserbereitungsanlagen. Hier sind es die Anfressungen, welche den Lieferanten der Anlagen und den Besitzern viel Kopfschmerzen bereiten und zu unzähligen gerichtlichen und außergerichtlichen Auseinandersetzungen geführt haben.

Unter dem Druck der Konkurrenz sind unter Ausnutzung der neuzeitlichen Verarbeitungsverfahren die Wandstärken immer geringer geworden und es werden gelegentlich Speicher geliefert, bei denen es eigentlich erstaunlich ist, daß sie nicht auf dem Transport von den Monteuren zerdrückt worden sind. Ich habe gelegentlich Lieferungen gesehen, bei denen bei 400 mm Durchmesser die Wandstärke kaum 1 mm betrug!

Aber auch schwere Ware ist dem Angriff durch das Wasser ausgesetzt, und da verschiedene Mittel zur Verhinderung versagt haben, ist eine starke Strömung dafür vorhanden, jede Gewähr für die Haltbarkeit solcher Einrichtungen überhaupt abzulehnen.

I. Reinigungsöffnungen.

Von meist verhältnismäßig geringer Bedeutung sind Undichtheiten an den Reinigungsöffnungen. Zunächst ist die Ursache in dem Nachlassen der Dichtscheiben zu suchen.

Hier sind die Reinigungsdeckel mit Flanschanschluß ganz anders zu beurteilen als die mit Bügel und einfacher Schraube.

Die Flanschen, welche vor einen sehr kleinen Hals gesetzt sind, der nur gerade die Einführung des Armes in den Behälter gestattet (Arm- oder Handloch), haben kaum mehr als 4 Schrauben und sind meist kräftig genug, um ein starkes Anziehen der Schrauben gut auf die Dichtscheiben wirken zu lassen. Sollte einmal das Nachziehen nicht zum Ziele führen, so wird es stets möglich sein, durch Einbringen einer zweiten Dichtscheibe den gewünschten Erfolg zu erzielen.

Ist ein Mannloch angebracht, durch welches der Monteur wenigstens mit dem Oberkörper in den Behälter steigen kann, so wird bei Speichern mit großem Durchmesser ein Hals am Boden angebracht sein derart, daß bei der Ausdehnung des Behälters durch die Erwärmung der Hals mit dem Deckel sich unabhängig bewegen kann. Wenn die Flanschen kräftig genug und die Schrauben in genügender Anzahl mit nicht zu großen Abständen angeordnet sind, so wird ebenfalls leicht eine dauernde Dichtheit zu erzielen sein.

Leider werden, um Material zu sparen, nur zu oft die Flanschen zu schwach ausgebildet. Wenn sich nach dem Anziehen der Schrauben noch Wasser zwischen den einzelnen Schrauben zeigt, so kann man dem dadurch abhelfen, daß man hinter die Flanschen lose Verstärkungsringe — auf der Behälterseite evtl. zwei Halbringe — legt und auf diese Weise den Druck der Schrauben gleichmäßiger auf die Dichtflächen verteilt.

Größere Schwierigkeiten können bei den Deckeln entstehen, die ebenso groß sind wie die Behälter selbst. Wenn hier durch Abzapfen eines Teiles des Vorrats sich in dem oberen Teil sehr heißes Wasser befindet, während der untere Teil ziemlich kalt ist, so dehnt sich der Mantel oben erheblich stärker aus als unten, und die Dichtflächen für den Deckel werden krumm gezogen. Der Deckel kann der Krümmung nicht folgen, und trotz aller Bemühungen werden Undichtheiten kaum zu vermeiden sein (Abb. 12).

Hier hilft nur ein Eingriff in die Anordnung der Anlage, durch welchen allerdings das Speichervermögen des Behälters verringert wird. Der Zulauf des kalten, frischen Wassers ist so anzuordnen, daß sich das kalte Wasser möglichst gleichmäßig mit dem gespeicherten warmen Wasser mischt. Das ist möglich, wenn der Einlauf ziemlich hoch angeordnet wird oder, wenn das durch die Lage der vorhandenen Bohrungen nicht möglich ist, das Rohr für den Kaltwasserzulauf im Innern noch etwas hochgeführt wird.

Abb. 12. Warmwasserspeicher mit großem Deckel unter Einwirkung verschiedener Temperaturen.

II. Anfressungen des Mantels usw.

Sehr viel unangenehmer sind die Anfressungen des Eisens.

Man glaubte früher, hiergegen einen sicheren Schutz durch vollständige Verzinkung zu gewinnen. Wenn das Wasser ziemlich schnell eine überall gleiche Schicht von Kesselstein absetzt, wird tatsächlich eine Verrostung selbst bei einem sonst ungeschützten schwarzen Speicherbehälter nicht eintreten.

Wenn aber dieser Schutz fehlt, so wird der Zinküberzug durch die etwas andere Ausdehnung gegenüber dem Eisen sehr bald feine Risse aufweisen, durch welche das Wasser an das blanke Eisen gelangen kann. Die Zusammenwirkung der verschiedenen Metalle bewirkt die Entstehung eines elektrischen Stromes, der nun eine beschleunigte Zerstörung der Behälterwandung herbeiführt.

Die Speicherbehälter sind jetzt wohl ohne Ausnahme geschweißt. Die Beseitigung einer durch Rost hervorgerufenen Zerstörung ist daher auch nur durch Schweißung möglich. Dabei wird aber unter allen Umständen die Verzinkung an der bearbeiteten Stelle zerstört, und wenn man nicht eine grundsätzliche Änderung eintreten lassen will, muß man den ganzen Behälter neu verzinken lassen.

Bei sorgfältiger Arbeit weniger durch Rost gefährdet sind die Behälter, die einen hitze- und wasserbeständigen Anstrich erhalten haben. Der Überzug ist elastisch und folgt der Dehnung des Eisens besser als das Zink, so daß keine Risse entstehen.

Es sei besonders darauf hingewiesen, daß es auch hier minderwertige Fabrikate gibt, welche dem warmen Wasser nicht genügend Widerstand leisten und sich in demselben auflösen. Das Wasser wird dann fettig, erhält eine bräunliche Färbung und führt mitunter auch losgelöste feste Bestandteile mit fort.

Auch bei gutem Anstrichmaterial ist ein Versagen möglich, wenn das Eisen vor der Auftragung nicht metallisch rein und trocken war.

Die richtige Durchführung des Anstriches setzt das Vorhandensein eines Mannloches voraus, Handlöcher sind unbedingt zu verwerfen, da das Innere durch dieselben nicht in genügendem Maße zugänglich ist.

Auch der beste Anstrich wird mit der Zeit durch die Einwirkung des Wassers zerstört. Je nach der Stärke der Benutzung und der Art des Wassers ist der Anstrich daher früher oder später zu erneuern. Als Durchschnitt für die Haltbarkeit sind wohl zwei Jahre zu setzen, ich habe aber auch Behälter beobachtet, welche 3—4 Jahre und länger gearbeitet haben, ohne daß eine Erneuerung des Anstriches erforderlich gewesen wäre.

Die Wirksamkeit eines guten Anstriches wird erhöht durch ausreichende Wandstärken. Die im Handel befindlichen Behälter haben, auch bei Angabe des Betriebsdruckes von 10 at, eine zu geringe Wandstärke. Zu empfehlen ist es, die Maße der D I-Normen für Warmwasserbereiter einzuhalten, welche auf Grund bester Erfahrungen aufgestellt sind.

Erheblich besser wird der Speicher und die ganze Anlage gegen Rostangriff geschützt, wenn durchweg Kupfer als Baustoff gewählt wird. Es darf dann aber nicht der Fehler gemacht werden, nur einen Teil in Kupfer auszuführen. In einem solchen Fall wird der Rostangriff nur verlegt und tritt in dem Eisenteil sehr bald in verstärktem Maße auf.

Wenn es aus irgendwelchen Gründen nicht möglich ist, in einer solchen gemischten Anlage das Eisen sofort ganz zu entfernen, so sollte doch wenigstens auf die Gefahr aufmerksam gemacht und die Forderung gestellt werden, bei neuen Schäden die beschädigten Eisenteile grundsätzlich durch solche aus Kupfer zu ersetzen.

2. Mangelhaftes Arbeiten der Anlage.

Die weitaus größte Zahl von Klagen über Heizungsanlagen bezieht sich auf unzureichende Wirkung und schlechten Heizerfolg.

A. Fehler in den Angaben über die Bauausführung.

Ein erheblicher Teil der Beschwerden läßt sich dadurch erklären, daß der Bau nicht so wärmedicht ausgeführt ist, wie man es in der Berechnung angenommen hatte. Hier nur einige wenige Beispiele:

In einem großen Mietshause wurde über zu geringe Temperatur in verschiedenen Räumen geklagt. In den meisten Zimmern ließ sich feststellen, daß die Fensterrahmen gegen das Mauerwerk so viel Spiel hatten, daß der Wind die Fenstervorhänge weit in den Raum blies. An einer Stelle waren die inneren Flügel der Doppelfenster ausgehängt. Und schließlich war eine Giebelwand, die als angebaut angegeben war, bei Eintritt der Kälte noch frei. In einem anderen Falle war ein ausgebautes Dachgeschoß nicht, wie angegeben, in der Dachfläche doppelt, sondern nur einfach verschalt. Dauernd offene Durchfahrten, die als gewöhnlich geschlossen angegeben waren, Läden, welche beheizt werden sollten, dann aber mit Rücksicht auf die verkaufte Ware ganz ohne Heizkörper blieben und ähnliches ist sehr oft die Ursache einer unzureichenden Wirkung. Eine erschöpfende Darstellung aller Fehler, welche in dieser Beziehung gemacht werden, ist vollständig unmöglich.

B. Genügende Erwärmung der Heizkörper.

Wenn in den beheizten Räumen die Temperatur nicht genügend hoch gebracht werden kann, so ist vor allen Dingen festzustellen, ob die Heizkörper warm werden und auch genügend lang warm bleiben, oder ob eine schlechte Erwärmung der Heizkörper vorliegt.

Werden bei einer ordnungsmäßigen Wärmeentwicklung alle Heizkörper richtig warm, wird aber die verlangte Temperatur in den Räumen nicht erzielt, so ist die Beseitigung des Fehlers nicht Sache der Montageleitung, sondern die Heizflächen müssen von dem verantwortlichen Ingenieur nachgeprüft werden und es muß nötigenfalls eine entsprechende Vergrößerung vorgenommen werden.

C. Ungenügende Erwärmung der Heizkörper.

Für eine ungenügende Erwärmung der örtlichen Heizflächen können die verschiedenartigsten Ursachen vorliegen, die der Montageleiter durch entsprechende Untersuchungen festzustellen hat.

I. Feuerung.

In mehr als ¾ aller Fälle ist eine unzureichende Feuerung Veranlassung zu der mangelhaften Raumerwärmung.

Für die Fehler in der Feuerung gibt es wiederum drei Hauptursachen, und zwar:

a) schlechte Bedienung,
b) falscher Brennstoff und
c) mangelhafter Zug.

Unter allen Umständen wird ein etwas geübtes Auge sofort erkennen, welche Ursache vorliegt.

a) Bei schlechter Bedienung der Feuerung ist entweder der Aschfallraum infolge Verschlackung der Roste dunkel, anstatt hellrot erleuchtet zu sein, oder es liegt eine viel zu geringe Brennstoffschicht auf dem Rost.

Saubere Roste, die frei von Schlacke und Asche gehalten werden, sind Voraussetzung für eine gute, ausreichende Feuerwirkung. Die selbstverständliche Reinigung wird leider gar zu oft unterlassen, und die Bedienung ist dann womöglich noch erstaunt, wenn man auch bei mäßiger Beanspruchung eine tägliche, bei scharfer Kälte eine häufigere Reinigung verlangt.

Es wird aber auch häufig der Fehler gemacht, daß zum Zweck der Brennstoffersparnis der Kessel nicht genügend beschickt wird.

Eine Koksfeuerung muß eine glühende Schicht über dem Rost von mindestens 25 bis 30 cm besitzen, denn sonst erlöscht das Feuer, und der Rest des Brennstoffes bleibt unausgebrannt zurück.

Bei Kesseln mit oberem Abbrand bildet der Füllschacht einen sehr erheblichen, besonders stark wirksamen Teil der Heizfläche. Werden höhere Leistungen verlangt, so ist der Füllschacht möglichst hoch zu füllen. Eine Grenze für die Füllung ist dadurch gegeben, daß oberhalb des Kokses noch ein genügend großer Verbrennungsraum bleiben muß. Im allgemeinen ist die untere Kante der Fülltür die Grenze für die zweckmäßige Beschickung (Abb. 13). Sie soll für die Höchstleistungen stets eingehalten werden.

Bei unterem Abbrand ist darauf zu achten, daß der Koks stets die Abzugsöffnungen nach den ersten Zügen hin vollständig bedeckt (Abb. 14). Höher liegender Brennstoff kommt hier kaum in Glut und dient allein als Vorrat. Sind aber die Züge frei, so tritt vom Füllschacht her überschüssige Luft in die Züge und verringert die Leistung des Kessels und außerdem die Ausnützung des Brennstoffes.

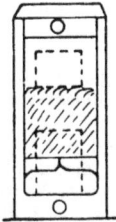

Abb. 13. Kessel mit oberem Abbrand. Höchste zulässige Füllung.

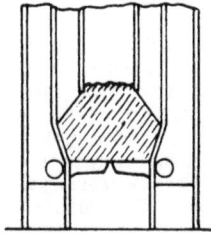

Abb. 14. Kessel mit unterem Abbrand. Geringste Füllung.

b) Falscher Brennstoff. Auch bei richtiger Bedienung der Feuerung kann der gewünschte Erfolg nicht erzielt werden, wenn ungeeigneter Brennstoff verwendet wird. In erster Linie ist es die Kokskörnung, welche einen nicht zu unterschätzenden Einfluß hat.

Zu große Koksstücke lassen zu viel Luft durch den Schacht gehen und verhindern die Erzielung der erforderlichen Temperaturen. In einem Kessel für kleine Körnung liegen die großen Stücke leicht tot da und es ist unmöglich, die genügende Schichthöhe in Glut zu bringen. Zu kleine Körnung drosselt den Luftdurchgang, so daß erhebliche Mengen Kohlenoxyd in die Abzüge gelangen. Die zweckmäßige Korngröße sollte bei jedem Kessel angegeben werden. Im allgemeinen arbeitet man bei Kleinkesseln (Zimmerheizkessel) mit Nuß III, 20 bis 40 mm Korn, bei mittleren Kesseln mit Nuß II, 40—60 mm, und nur bei den größten Kesseln mit Nuß I, über 60 mm.

Auch die Verwendung von Brennstoffen mit erheblichem Gehalt an flüchtigen Bestandteilen in reinen Kokskesseln kann zu ganz bedenklichen Erscheinungen führen. Das Feuer wird zwar leicht in Gang zu halten sein, aber trotzdem ist die Wirkung auf den Kessel, d. h. die Wassertemperatur bzw. der Dampfdruck zu gering. Die Erscheinung ist darauf zurückzuführen, daß sich Ruß in dicken Schichten auf die Heizfläche gelegt hat und der Übertragung der Wärme von den Rauchgasen auf das Kesselinnere zu großen Widerstand entgegensetzt. Sofern die Ablagerungen nicht teerhaltig sind, kann eine sofortige Abhilfe geschaffen werden durch eine gründliche Reinigung aller Züge mit der Kesselbürste. Hat aber eine Teerbildung stattgefunden, so hilft nur ein Ausbrennen des Kessels, das allerdings bei unvorsichtiger Handhabung für den Bestand des Kessels von Gefahr sein kann.

c) **Mangelhafter Zug.** Es kann schließlich auch vorkommen, daß trotz aller Bedienungsmaßnahmen das Feuer nicht richtig brennen will, wenn nämlich der Zug nicht genügend stark ist.

Zentralheizungskessel brauchen je nach der Bauart am Schieber einen Zug von 1 bis 6 mm WS. Der geringste Zug ist erforderlich bei den Kleinkesseln mit oberem Abbrand (Zimmerheizkessel) und einfachster Rauchgasführung. Größere Kessel mit oberem Abbrand, aber abwärts geführten Zügen brauchen 1,5—3 mm und Kessel mit unterem Abbrand je nach Bauart 4—6 mm.

Wenn diese Zugstärken am Rauchschieber vorhanden sind, aber trotzdem das Feuer nicht richtig in Gang kommt, liegen Verengungen oder Verstopfungen der Rauchgaswege vor. Es ist am besten an Hand von Zeichnungen jeder einzelne Weg sorgfältig zu prüfen und etwaige Hindernisse, die vielleicht auch in Form von Kohlenstücken vorhanden sein können, zu beseitigen.

Ist der Schornsteinzug aber nicht genügend groß, so ist zu prüfen, ob nicht etwa Verengungen im Kamin oder im Fuchsanschluß vorhanden sind. Wenn hier keine Fehler mehr festgestellt werden können — diese Feststellung ist manchmal recht schwer und oft ohne Aufreißen der Wand gar nicht durchzuführen — so ist zu untersuchen, ob der Schornstein dicht ist. Hierzu dient die Qualmprobe. Ein stark qualmendes Feuer, vielleicht mit Stroh, Pappe und ähnlichem wird in Gang gebracht und dann durch Auflegen einer Platte auf die obere Schornsteinmündung oder Einschieben eines Bündels feuchter Lappen in die oberste Reinigungsöffnung der Abzug verhindert. Selbstverständlich wird dabei der Heizraum vollständig verqualmt. Aber jede Undichtheit im Mauerwerk macht sich durch den Austritt von Qualm stark bemerkbar.

Es ist stets Sache des Bauherrn, sofern nicht besondere Abmachungen vorliegen, solche Undichtheiten zu beseitigen.

Sollte der Schornsteinquerschnitt etwas knapp sein, so kann bis zu einem gewissen Grade Abhilfe dadurch geschaffen werden, daß die Fuchswiderstände durch reichlichen Querschnitt und schlanke Führung verringert werden. Das Mittel hilft allerdings nur dann, wenn die Abweichungen von dem eigentlich erforderlichen Querschnitt nicht sehr groß sind.

In einigen Fällen ist es vorgekommen, daß bei ausreichenden Querschnitten und gutem Zustand der ganzen Anlage das Feuer nicht recht in Gang kam. Es stellte sich dann heraus, daß der Kesselraum gegen die Außenluft so dicht abgeschlossen war, daß die Feuerung nicht genügend Verbrennungsluft erhielt. Bei Ansetzen des Zugmessers wird dieser Fehler allerdings durch zu geringe Zuganzeige sofort aufgedeckt. Das Öffnen eines Fensters oder einer Tür nach außen oder nach einem nicht so dicht abgeschlossenen Raum schafft Abhilfe. Es sei bemerkt, daß eine so dichte Bauausführung außerordentlich selten ist, und daß fast stets zu gleicher Zeit eine ganz ungewöhnliche Ausführung des

Schornsteins festzustellen ist, so daß der gute Schornsteinzug den Nachteil der zu guten Bauausführung auszugleichen vermag.

II. Zu kleiner Kessel.

Wenn nach Beseitigung aller bisher erwähnten Fehler an der Feuerungsanlage auch bei genügender Aufsicht die erforderliche Temperatur in Warmwasserheizungen oder der Druck in den Dampfkesseln nicht schnell genug erzielt und dauernd aufrecht erhalten werden kann, so ist das ein Beweis dafür, daß der Kessel zu klein ist. Er muß dann auf Grund einer genauen Nachrechnung entsprechend vergrößert werden.

Die weitere Untersuchung einer auch dann noch nicht richtig arbeitenden Anlage ist bei den verschiedenen Heizungssystemen ganz verschiedenartig.

Es seien zunächst noch einige Störungen an den Kesseln behandelt, die leicht zu einer mangelhaften Erwärmung führen können.

a) Bei Niederdruckdampfheizungen sind es vor allen Dingen starke Wasserstandsschwankungen und das vollständige Verschwinden des Wassers aus den Kesseln, ohne daß Undichtheiten festgestellt werden können.

Wasserstandsschwankungen können sowohl bei einem einzelnen Kessel auftreten als auch bei einer Anlage mit mehreren Kesseln dadurch störend wirken, daß auch bei ruhigem Wasserstand dieser in den verschiedenen Kesseln sich verschieden hoch einstellt.

Ein starkes Hin- und Hergehen in einem Kessel läßt zunächst eine Überlastung vermuten.

Ein Kessel von ausreichender Größe ist um so empfindlicher, je geringer die Verdampfungsoberfläche ist, denn dann werfen die einzelnen Dampfblasen das Wasser zu stark hin und her und veranlassen auch rein mechanisch ein Fortreißen von nicht verdampftem Wasser in die Dampfleitungen. Diese Beschwerden treten erst auf, seitdem man durch die Verwendung des Gußeisens gelernt hatte, die Heizfläche auf einen sehr engen Raum zusammenzudrängen.

Bei dem Zusammenbau der einzelnen Glieder eines Gußkessels werden die Verbindungsstücke zur Abdichtung stets mit Öl behandelt. Auch aus den Leitungen kommt von den Rohrverbindungen etwas Öl in den Kessel. Ein kleines Tröpfchen dieses Öles genügt, um das Wasser im Kessel zum Schäumen zu bringen und die Wasserstandsanzeige ganz unregelmäßig zu gestalten. Häufig ist mit dem Schäumen des Kesselwassers auch eine Störung im Betriebe der Heizung verbunden, die noch weiter unten besprochen werden soll.

Auf alle Fälle muß dann das vorhandene Öl restlos entfernt werden. Die Bindung an Natrium durch Auskochen mit einer Sodalösung hat sich nicht bewährt, da das Öl mit Soda eine Seife bildet, die überhaupt nicht aus der Anlage zu entfernen ist und zu dauernden Störungen Veranlassung gibt. Allein zweckmäßig ist das Ausspülen mit heißem Wasser. Dieses wird in der Weise vorgenommen, daß nach Entfernung eines möglichst hoch liegenden Verschlusses, wie z. B. der Blindflanschen gegenüber den Dampfanschlüssen unter Aufrechterhaltung eines schwachen Feuers langsam frisches Wasser nachgespeist wird, so daß es mit nahezu Siedetemperatur aus der oberen Öffnung austritt. Nach etwa dreistündigem Spülen kann man sicher annehmen, daß die letzte Ölspur verschwunden ist und Störungen dadurch nicht mehr eintreten.

Sind mehrere Kessel vorhanden, von denen ein Teil die Schwankungen zeigt, während andere einen richtigen Wasserstand haben, so ist anzunehmen, daß die Kessel mit Schwankungen überlastet sind dadurch, daß die anderen nicht genügend Dampf liefern. Das kann darauf zurückzuführen sein — der Fall tritt recht oft ein —, daß diese letzteren Kessel eine starke innere Ablagerung von Kesselstein haben. Diese ist mit einem der unter dem Abschnitt „Kesselschäden" beschriebenen Mittel zu entfernen.

Das Schwanken des Wasserstandes kann auch ohne Schäumen in schlecht gebauten oder zu stark belasteten Kesseln vorkommen. Bei dem meist verwendeten Anschluß der Wasserstandsköpfe wenig über und unter dem Wasserstand im Kessel wird auch jede Wallung im vordersten Kesselteil sich auf die Anzeige des Wasserstandes auswirken. Wird dagegen der untere Wasserstandskopf durch ein Rohr mit dem unteren Kesselteil verbunden, so werden sich die Wallungen in der Anzeige nicht auswirken, sondern es wird stets die Wassermenge im Kessel angezeigt, die nur noch von dem Betriebszustande der Anlage abhängig ist.

Im zweiten Teil der „Heizungsmontage" (Montage der Anlagen) habe ich bereits dargelegt, wie man die Größe der Wallungen feststellen kann, wenn der Wasserstandsanzeiger unmittelbar unter dem Wasserstand mit dem Kessel verbunden ist. Man verbindet den Probierhahn des unteren Wasserstandskopfes durch einen sorgfältig mit Wasser gefüllten Schlauch mit dem Entleerungshahn des Kessels, schließt den unteren Wasserstandshahn und öffnet den Entleerungs- und den Probierhahn (Abb. 15). Der Wasserstand wird dann in dem Glas um den Betrag sinken, um den das Wasser im Kessel durch Dampfblasen gehoben wird. Zeigen mehrere Kessel einer größeren Anlage verschiedene Wasserstände an, so kann auf diese Weise leicht festgestellt werden, ob die Kessel einigermaßen gleichmäßig belastet sind. Bei verschiedener Belastung muß eine Reinigung und eine sorgfältige Regelung des Schornsteinzuges fast immer zum Ziele des Ausgleiches führen.

Allerdings können auch Unregelmäßigkeiten im Zufluß des Kondensates aus der Anlage zu solchen Störungen führen. Die Feststellung solcher Verschiedenheiten kann nur durch Ausschließung aller anderen Ursachen erfolgen. Dann aber ist bestimmt auf dem Wege vom Hauptkondensrohr zu den Kesseln eine erhebliche Verengung vorhanden, die unter Umständen bis zu einer vollständigen Verstopfung wachsen kann. Nur eine Abmontierung der ganzen Kesselanschlüsse, gründliche Reinigung, die sich auch auf die ersten Teile der Kessel selbst erstrecken muß, und vielleicht eine Verstärkung der Rohrleitungen wird Abhilfe schaffen.

Bei gleichmäßiger Belastung aller Kessel kann unter gewissen Umständen eine Ungleichheit des Wasserstandes dadurch hervorgerufen werden, daß Druckunterschiede in den Dampfräumen der einzelnen Kessel bestehen. Ein Wasserstandsunterschied von 10 cm bedeutet einen Druckunterschied von 0,01 at, der in den handelsüblichen Manometern leider nicht genügend genau angezeigt wird. Dagegen ist er leicht ganz einwandfrei festzustellen, wenn man die Probierhähne der Wasserstände miteinander verbindet, die unteren Wasserstandshähne schließt und die Probierhähne öffnet (Abb. 16). Der Unterschied in der Wasserhöhe entspricht ganz genau dem Druckunterschied in den Kesseln.

Druckunterschiede durch zu knapp bemessene Dampfleitungen können nur wenige Millimeter betragen und sind für den Betrieb vollständig belanglos. Bei größeren Unterschieden kann man mit Sicherheit annehmen, daß die Dampfleitung in irgendeiner Weise verstopft ist.

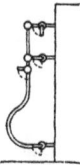

Abb. 15. Versuchsanordnung zur Untersuchung der Wallungen in einem Niederdruckdampfkessel. Der Probierhahn am unteren Wasserstandskopf wird mit dem Entleerungshahn des Kessels durch einen sorgfältig mit Wasser gefüllten Schlauch verbunden. Bei Schließen des unteren Wasserstandshahnes und Öffnen des Probierhahnes und des Entleerungshahnes stellt sich der Wasserstand im Glas soviel niedriger ein als bei der richtigen Hahnstellung, als der Höhe der Dampfblasen in dem vorderen Kesselglied entspricht. Das Sinken des Wasserstandes ist also ein Maßstab für die Wallungen im Kessel.

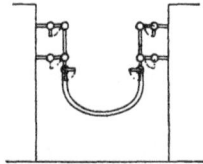

Abb. 16. Versuchsanordnung zur Untersuchung der Druckunterschiede in verschiedenen, miteinander gekuppelten Niederdruckdampfkesseln. Die Probierhähne zweier Kesselwasserstände werden durch einen sorgfältig mit Wasser gefüllten Schlauch miteinander verbunden. Bei Schließen der unteren Wasserstandshähne und Öffnen der Probierhähne stellt sich das Wasser in den Gläsern so ein, daß der Höhenunterschied zwischen den beiden Wasserständen unmittelbar den Druckunterschied in den Kesseln anzeigt.

In einem Falle dieser Art fand sich in dem Dampfrohr des einen Kessels mit höherem Druck ein lockerer Kesselstein vor, welcher den freien Querschnitt des Rohres um mehr als die Hälfte verengte. Der Kesselstein hatte sich dadurch gebildet, daß das Standrohr zur Nachfüllung mit der Wasserleitung fest verbunden war und der Wasserleitungshahn nicht dicht abschloß. Das ständig nachgespeiste Wasser gelangte durch das Anschlußrohr in die Hauptdampfleitung des Kessels und setzte durch die schnelle Erwärmung durch den gegenströmenden Dampf den Kesselstein in ganz lockerer Form im Dampfrohr ab.

Nicht befeuerte Kessel werden stets einen etwas anderen Wasserstand haben, als die in Betrieb befindlichen. Wenn jedoch die ganze Anlage in Ordnung ist, wird der Unterschied verschwindend gering sein. Sind Absperrungen in der Dampfleitung und im Kondenswasseranschluß überhaupt nicht vorhanden, so wird der Druckverlust von dem in Betrieb befindlichen Kessel bis zum Anschluß des nicht beheizten Kessels ein Steigen des Wassers in diesem letzteren um das Maß des Verlustes bewirken. Bei richtiger Ausführung der ganzen Anlage können das nur wenige Millimeter sein.

Absperrungen nur in dem Kondensanschluß können zur Folge haben, daß sich allmählich Kondensat aus dem Dampfanschluß in dem nicht beheizten Kessel sammelt und den Wasserstand hier zum Steigen bringt.

Sind in den Dampfanschlüssen dicht schließende Schieber oder Ventile eingebaut, während die Kondensanschlüsse garnicht oder nicht dicht abgesperrt sind, so wird mitunter durch den steigenden Druck Wasser in den unbeheizten Kessel gedrückt. Hierbei spielt aber das Zusammendrücken der noch im Kessel befindlichen Luft eine viel geringere Rolle als die geringen Undichtheiten, welche zwar weder Dampf noch Wasser, wohl aber Luft entweichen lassen.

Undichte Absperrungen bewirken ähnliche Erscheinungen wie das vollständige Fehlen, wenn auch in abgeschwächter und vor allen Dingen verzögerter Weise.

Der Wasserverlust nach einem unbeheizten Kessel wird bei den befeuerten Kesseln nicht im vollen Maße in Erscheinung treten, da das Wasser hier durch die Bildung von Dampfblasen durch die Wallungen aufgelockert ist und scheinbar höher steht. Wird das Wasser durch irgendwelche Anordnungen in der Anlage länger zurückgehalten, so wird der Wasserstand im Kessel niedriger erscheinen.

Mitunter trifft man auf die Ansicht, daß zu viel Wasser in Dampfform unterwegs sei. Aus 1 l Wasser entstehen bei Niederdruckdampfheizungen nahezu 1700 l Dampf. Selbst die alten, schweren Radiatormodelle, welche wohl, abgesehen von den noch viel älteren Zylinderöfen, den größten Inhalt besitzen, haben auf 1 m² Heizfläche nur etwa 9 l Inhalt. Bei ungewöhnlich ausgedehnten Anlagen wird in den Dampfverteilungsleitungen kaum mehr als 8 l Inhalt kommen, so daß im ganzen auf 1 m² mit höchstens 17 l Dampf zu rechnen ist. Das heißt mit anderen Worten, daß 1 l Wasser ungefähr 100 m² Radiatorheizfläche mit der dazugehörigen, sehr reichlichen Rohrleitung mit Dampf füllen kann. Zu dieser örtlichen Heizfläche gehören mindestens 10 m² Kesselheizfläche, und der Verlust von 1 l Wasser macht sich bei einem solchen Kessel überhaupt nicht bemerkbar.

Wohl aber können erhebliche Mengen von Kondensat in den Leitungen unterwegs sein. Die Menge wird um so geringer, je stärkeres Gefälle die Kondensleitungen haben und je knapper sie bemessen sind. Selbstverständlich dürfen keine Hindernisse das Wasser anstauen.

Ein sehr häufiges Hindernis sind die sog. Dampfstauer, welche den Übertritt von Dampf in die Kondesleitungen verhindern sollen und dabei recht oft zu große Wassermengen in den Heizkörpern zurückhalten. Die richtige Einstellung dieser Stauer, die nach jeder Reinigung von neuem vorgenommen werden muß, ist recht zeitraubend und erfordert ein feines Gefühl und viel Verständnis für die Zusammenhänge bei dem Monteur.

Wenn es die Verhältnisse gestatten, sollten bei der ersten Instandsetzungsarbeit die Stauer entfernt und doppelt einstellbare Regulierventile in die Dampfleitung eingebaut werden. Störungen durch Zurückhalten des Wassers in den Heizkörpern werden dann sofort aufhören.

Nicht im gleichen Maße hinderlich sind richtig eingebaute Ableiter, obgleich auch diese infolge der unvermeidlichen Trägheit ihrer Arbeit zeitweise etwas Wasser zurückhalten.

Es gibt unter den Ableitern aber Ausführungsformen, welche dauernd eine unzulässige Wasserstauung hervorrufen. Bei dem schematisch in der Abb. 17 dargestellten Ableiter muß das Wasser, das bei dem Anheizen in besonders großen Mengen anfällt, bei der senkrechten Stellung der Patrone erst in einen Wassersack fallen, bevor es durch den Abschluß geht. Hier wird in dem engen Kanal nach unten leicht eine größere Luftblase festgehalten, die nun, schlimmer als ein fester Pfropfen das Wasser festhält und nur langsam, nach Anstauung auf einige Millimeter Höhe, einen Abfluß ermöglicht. Hier wird in vielen Fällen ein Umlegen der Patrone in die horizontale Lage helfen. Besser aber ist es, sofern die Möglichkeit gegeben ist, auch hier Regulierventile für die Dampfzufuhr einzubauen.

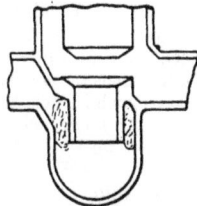

Abb. 17. Luftpropfen in Ableiter.

Wie schon erwähnt, sind Luftpropfen für den Wasserdurchgang außerordentlich hinderlich. Wenn eine unter Wasserstand liegende Kondensleitung so verlegt wird, daß bei ihrer Füllung ein Luftpropfen zurückbleiben kann, so hat das gelegentlich zur Folge, daß so viel Wasser zurückgehalten wird, daß die Kesselanlage durch den entstehenden Wassermangel in ihrem Bestande gefährdet ist.

Sehr lästig und meist schwer festzustellen sind Hindernisse, die durch Rosthügel gebildet werden. Besonders unangenehm sind dieselben dann, wenn sie schon in größerer Zahl vorhanden sind und sich gelegentlich von der Rohrwandung ablösen. Dann tritt die Erscheinung auf, daß das Wasser dauernd aus dem Kesseln verschwindet, so daß eine sorgsame Bedienung sehr oft nachspeisen muß. Wenn sich dann an verschiedenen Stellen die Rosthügel ablösen, kommen größere Wassermassen zurück und die Kessel ersaufen.

Die gründlichste Abhilfe bei solchen Störungen ist die vollständige Erneuerung aller, wenigstens der horizontalen Kondensleitungen. Mitunter gelingt es aber auch, durch starke Strömungen die Rosthügel fortzuspülen. Zu diesem Zweck wird der höchste zulässige Druck auf die Kessel gegeben, so daß die Heizkörper vollständig warm und die Kondensleitung auf das äußerste Maß beansprucht wird. Das Durchblasen von Dampf, das man sonst sorgfältig verhindern soll, wird in diesem Falle nur von Vorteil sein. Hierbei wird in die tiefliegende Kondensleitung und in die Kesselanlage ein dicker, brauner Schlamm gelangen und es wird angebracht sein, um andere Störungen zu verhindern, die Anlage nach einem solchen Betriebe vollständig zu entleeren, gründlich durch Ausspülen zu reinigen und dann sofort wieder zu füllen und nochmals in Betrieb zu nehmen.

Das Zurückhalten von Wasser durch Bildung eines Vakuums kommt wohl auch gelegentlich vor, hat dann aber immer andere unangenehme Begleiterscheinungen und soll bei der Besprechung dieser letzteren behandelt werden.

b) Warmwasserheizungen. Bei Warmwasserkesseln entsprechen den Wasserstandsschwankungen der Dampfkessel die Unregelmäßigkeiten in der Anzeige der Füllung der Anlage.

Solange man zur Prüfung der Füllung die Signalleitungen vom Ausdehnungsgefäß mit Zapfhähnchen und einem Auffanggefäß benutzte, dessen Inhalt gleich dem der Signalleitung war, sind wohl Nachlässigkeiten in der Prüfung vorgekommen, aber niemals falsche Anzeigen und Störungen. Erst die Einführung der Hydrometer oder Wasserstandsmanometer, welche jederzeit ohne Wasserverlust den Wasserstand in der Anlage ablesen lassen sollen, hat Unregelmäßigkeiten zur Folge gehabt.

Meist wird vom Monteur ein fester roter Zeiger so eingestellt, daß er bei richtiger Füllung von dem beweglichen schwarzen Zeiger gerade bedeckt wird.

Jede Feder, die einen Hauptteil des Hydrometers bildet, ist einem Nachlassen ausgesetzt, besonders wenn hohe Temperaturen auf dieselbe einwirken. Daher wird jedes Hydrometer nach einiger Zeit, bei guter Ware erst nach einer größeren Reihe von Jahren, nachlassen und falsch anzeigen. Um einen Anhaltspunkt für die Richtigkeit der Anzeige zu haben, sollte man in regelmäßigen Zwischenräumen, etwa einmal monatlich, das Instrument durch Umlegen des Dreiweghahnes entlasten und beobachten, ob der Zeiger in die Nullage zurückgeht.

Bei der Einstellung des roten Zeigers ist so zu verfahren, daß die Anlage bis zum Überlaufen gefüllt und dann bis auf die höchste im Betriebe zulässige Temperatur, also nicht bis zum Überkochen geheizt wird. In diesem Zustande sollen sich die beiden Zeiger decken. Bei Wechsel der Temperatur wird sich dann der bewegliche Zeiger nur ganz unmerklich verschieben.

Wenn die Anlage nicht ganz gefüllt war, sondern wenn nur die höchstliegenden Leitungen, die an dem Wasserumlauf für die Erwärmung der Heizkörper teilnehmen sollen, voll sind, während die darüber liegenden Luft- und Ausdehnungsleitungen leer bleiben, so wird das Wasser bei der Erwärmung in diese engen Leitungen steigen und eine starke Aufwärtsbewegung des Zeigers hervorrufen. Nach der Abkühlung fällt der Zeiger wieder. Hierdurch ist schon oft genug die Meinung erweckt worden, daß Undichtheiten in der Anlage vorhanden wären, die man aber trotz eifrigen Suchens nicht finden konnte. Eine Umstellung des Zeigers in der zuerst beschriebenen Weise beseitigt dann das „Verschwinden" des Wassers, da jetzt die ganze Verschiebung des Wasserspiegels innerhalb des Ausdehnungsgefäßes erfolgt.

Ist die Ausdehnungsleitung aus irgendeinem Grunde, z. B. durch Einfrieren verstopft, so steigt der Druck bei Temperatursteigerung unabhängig von dem jeweiligen Wasserstand. Da die Verstopfungen stets an einer Stelle entstehen, an welcher eine weitere Bewegung unmöglich ist, wird die Entlastung nur eintreten, wenn die Temperatur gesenkt oder wenn Wasser aus der Anlage abgelassen wird, oder schließlich, wenn der schwächste Teil der Anlage zu Bruch geht.

Ein Hin- und Hergehen des Zeigers, ein „Tanzen" tritt nur ein, wenn sich im Kessel Dampfblasen bilden, welche durch die Leitungen in das Ausdehnungsgefäß entweichen. Wenn die Kesselanlage für die verlegte Heizfläche richtig bemessen ist, so kann dieser Fall nur eintreten, wenn erhebliche Teile der Anlage abgeschaltet sind, oder wenn eine grobe Fahrlässigkeit in der Bedienung (langes Offenhalten der Feuertür oder ähnliches) vorgekommen ist.

III. Nichtwarmwerden der Heizkörper bei richtigem Kesselzustand.

Werden bei ausreichendem Dampfdruck oder genügender Wassertemperatur einzelne Heizkörper nicht ordnungsgemäß warm, so ist vor allen Dingen zu prüfen, ob die Regelungsvorrichtungen geöffnet sind.

Unter den Regelungsvorrichtungen sind in der Hauptsache die Ventile und die Hähne zu erwähnen.

Auf keinen Fall verlasse man sich auf die Aufschriften an den etwa vorhandenen Teilscheiben oder den Stand des Zeigers am Griff. Durch Lockerung der Teilscheibe kann sehr leicht der Zustand herbeigeführt werden, daß bei der Anzeige „Warm" oder „Offen" ein vollständiger Abschluß herbeigeführt ist.

Ventile werden mit Ausnahme einer einzigen Bauart (Kaeferle, Hannover), bei der nur eine Drehung um etwa 90° möglich ist, durch Rechtsdrehung geschlossen und durch Linksdrehung geöffnet. Bei einem kalten Heizkörper stelle man zunächst durch Drehung in beiden Richtungen die richtige Lage des Griffes fest. Es sind mir Fälle vorgekommen, in denen das bedienende Personal ein Ventil nicht öffnen konnte, weil es mit zu großer Kraft geschlossen war und zur Öffnung eines erheblichen Kraftaufwandes bedurfte.

In dem Abschnitt „Schäden an Armaturen" sind bereits andere Möglichkeiten von Störungen eingehender besprochen worden.

a) **Unzureichende Dampfzufuhr.** Nach Ausschaltung der behandelten Fehler kann das Versagen an Niederdruckdampf-Heizkörpern auf zwei Hauptursachen zurückzuführen sein, unzureichende Dampfzufuhr oder mangelhafte Entlüftung. Wenn man das Ventiloberteil herausschraubt, während die Anlage unter Dampfdruck steht, so kann man aus der Dampfausströmung ziemlich weitgehende Schlüsse über die Ursache des Versagens ziehen. Ein stoßweises Austreten von Dampf läßt immer darauf schließen, daß er sich durch einen Wassersack hindurcharbeiten muß, und die weitere Untersuchung der Anlage muß ergeben, an welcher Stelle dieser Wassersack sitzt.

Mitunter sind es die Entwässerungsschleifen, die einen solchen Sack in der Dampfleitung verursachen. Schlamm, Zunder als Reste von der Verarbeitung der Rohre, Hanfrückstände usw. sammeln sich hier leicht an. Sie können durch Lösen eines Reinigungsstopfens, der an keiner Schleife fehlen darf, entfernt werden. Nach Abfluß des Wassers tritt auch Dampf aus, und man kann hier sehen, ob ein Wassersack noch näher dem Kessel vorhanden ist.

Jeder Wassersack muß sorgfältig entfernt werden, wenn nötig, durch Anbringung neuer oder Verstärkung vorhandener Entwässerungsschleifen. Mitunter hilft auch die noch zu besprechende Verringerung des Wasseranfalls.

Ein Sonderfall sei hier noch erwähnt. Bei einer Anlage wurde darüber geklagt, daß ein Heizkörper in einem oberen Geschoß nur warm wird, wenn ein anderer, tiefer stehender in Betrieb gehalten werde, aber sofort erkalte, wenn dieser abgestellt wird. Die Angabe erwies sich als richtig und als Ursache wurde festgestellt, daß der Anschluß des unteren Heizkörpers als Entwässerung für den Strang wirkte. Der Dampfdruck reichte aus, das Kondensat bis zu diesem Anschluß zu heben, der übrig bleibende Dampf gelangte dann in ausreichenden Mengen zu dem höher stehenden Körper. Wenn dagegen der untere Heizkörper abgesperrt war, wurde das Kondensat in den Strang gehoben und bildete bald eine so hohe Wassersäule, daß die weitere Dampfströmung abgeschnitten wurde.

Kommt mit dem Dampf sehr viel Wasser heraus, so ist auf einen Fehler am Kessel zu schließen, durch welchen viel Wasser unverdampft mechanisch in die Dampfleitungen gerissen wird. Meist sind es überlastete Kessel oder solche, die durch Ölgehalt schäumen, welche zu diesen Erscheinungen führen. Man kann, sofern es die Anschlußbohrungen gestatten, bis zu einem gewissen Grade Abhilfe dadurch schaffen, daß man ein sehr weites Dampfanschlußrohr senkrecht möglichst hoch führt und dann kräftig entwässert, bevor man auf den Rohrdurchmesser der folgenden Hauptleitung übergeht. Ich habe an überlasteten Kesseln mit sofort ansetzenden ziemlich engen Leitungen im Anschluß selbst Spannungsverluste von 0,05 at und mehr festgestellt.

Wenn der Dampf gleichmäßig aus dem Heizkörperventil austritt, so gehört eine sehr große Erfahrung und Übung dazu, um beurteilen zu können, ob die Dampfzufuhr ausreichend ist. Meist wird hier die Nachrechnung der Leitungen eine größere Sicherheit geben.

b) Mangelhafte Entlüftung. Einen Fehler an der Entlüftung kann man am besten durch Öffnen der Kondensleitung unmittelbar hinter dem Heizkörper feststellen. Wenn nach dem Öffnen der Heizkörper einigermaßen schnell warm wird, so liegt sicher in der weiteren Leitung ein solcher Fehler vor.

Das häufigste Hindernis für die Entlüftung ist ein Durchschlagen von Dampf an anderer Stelle in die Kondensleitung, meist durch einen nicht richtig eingestellten Heizkörper. In einem solchen Falle wird stets ein größerer Teil der Kondensleitung dampfwarm sein, und das führt dann zur Feststellung der Fehlerquelle. Eine genaue Einstellung der Regelungseinrichtung der ganzen Anlage beseitigt diesen Fehler.

Bei Stauern und manchmal auch bei Ableitern sind Ansammlungen von Schlamm die Ursache einer Verstopfung und der Behinderung der Entlüftung. Es ist bei Heizungen mit reduziertem Hochdruckdampf vorgekommen, daß in dem Kessel Teilchen von Kesselstein mechanisch mitgerissen wurden und dann an einzelnen Stellen die

Ventilsitze abgeschliffen haben, an anderen dagegen sich als Schlamm ablagerten und den Durchgang verengten. Auch ganz geringfügige Wassersäcke in der luftführenden Kondensleitung können die Entlüftung stören, denn es steht zum Durchschlagen derselben ein viel zu geringer Druck zur Verfügung.

Eine besondere Beachtung verdient die zentrale Entlüftung. Wenn es auch zu den seltensten Fällen gehören dürfte, daß das Hauptentlüftungsrohr durch einen Stopfen fest verschlossen ist, so kommt es doch recht oft vor, daß der Luftknoten nicht genügend hoch liegt. Es ist vorteilhaft, wenn das Standrohr früher abbläst, als das Wasser vom Kessel bis zum Luftknoten gedrückt wird. Aber das ist besonders bei Verwendung höherer Drucke, wie sie zu Koch- und Waschzwecken erforderlich sind, nicht möglich. Unbedingt aber soll dieser Punkt 20—30 cm über der Druckgrenze liegen, so daß auch bei schwankendem Wasserstand und bei etwas wechselndem Druck die Entlüftung nicht durch das hochgedrückte oder angestaute Kondenswasser abgeschnitten wird.

Das Aufsuchen der Fehlerstelle sowohl in der Dampfleitung als auch in der Kondensleitung erfordert viel Sorgfalt und Mühe, wird aber stets zur Beseitigung der Störungen führen. Man verlasse sich bei der Beurteilung des Gefälles einer Leitung nie allein auf das Augenmaß, sondern nehme stets eine Wasserwaage zu Hilfe. Nicht horizontal gelegte Decken und Unterzüge haben schon oft dazu geführt, daß man die Lage der Leitungen falsch einschätzte.

Nur in wenigen besonderen Fällen wird es nicht möglich sein, die zentrale Entlüftung genügend hoch zu legen. Dann ist man dazu gezwungen, neue, nicht zentrale Entlüftungsstellen anzubringen, die aber zur Vermeidung von Dampfverlusten möglichst in einer Luftleitung zusammengefaßt und zur Kesselanlage zurückgeführt werden sollten.

Selbstentlüfter geben sehr häufig Anlaß zu Störungen, da sie meist zur Vermeidung von Dampfaustritt zu fest geschlossen werden und auch bei richtiger Einstellung dazu neigen zu „spucken", d. h. Wasser austreten zu lassen. Sie haben auch oft den Fehler, sich der Beaufsichtigung des Heizers durch ihre Lage zu entziehen.

Ein besonderer Fall einer Störung sei hier noch beschrieben. Bei einer Niederdruckdampfheizung mit ausgedehntem Rohrnetz, aber nur geringer Leistung traten etwa eine Woche nach der Inbetriebsetzung Störungen ein, indem ganze Teile der ursprünglich gut arbeitenden Anlage kalt blieben. Zur Untersuchung wurde das Wasser abgelassen und nach ergebnislosem Suchen die Anlage neu gefüllt. Jetzt war die Erwärmung zufriedenstellend. Aber schon nach einer weiteren Woche trat die gleiche Störung wieder ein, und so wurde längere Zeit hindurch jede Woche der Wasserinhalt erneuert.

Da es sich zeigte, daß der Wasserstand in den Kesseln während der Störung sehr unruhig war, lag die Vermutung des Schäumens durch Öl sehr nahe. Aber auch nach einer Spülung des Kessels zeigte sich nach kurzer Zeit die Störung wieder. Es war also zu vermuten, daß geringe Mengen Öl aus den Leitungen in die Kesselanlage gelangt waren. Deshalb wurde der Versuch gemacht, die Leitungen ebenfalls mit heißem

Wasser auszuspülen. Um dem Wasser einen bestimmten Weg aufzu-
zwingen, mußten Entwässerungsschleifen planmäßig verstopft werden.
Es wurde dann bei abgesperrten Heizkörpern und von den Kesseln
abgetrennter Kondensleitung unter ständiger Feuerung Wasser nachgespeist, das nun stark erhitzt durch die Dampfleitungen in die Kondensleitung trat und noch mit sehr hoher Temperatur abgelassen wurde.
Dadurch wurde erzielt, daß Öl, welches vermutlich durch sorgloses
Arbeiten der Monteure in die Rohre gelangt war, in wenigen Stunden
ausgespült wurde. Nachdem die Anlage wieder in den ursprünglichen
Zustand versetzt worden war, blieben die früher regelmäßig beobachteten Störungen aus.

In einigen, allerdings wohl recht seltenen Fällen, bleiben Heizkörper
auch nach vollständiger Abdichtung der Dampfzufuhr noch recht lange
heiß. Dieser Fall kann dann eintreten, wenn die Kondensleitung, durch
welche Luft in den Heizkörper eintreten soll, mit Dampf gefüllt ist.
Voraussetzung für die Erscheinung ist also ein Durchschlagen von
Heizkörpern oder Entwässerungsschleifen in einem Maße, daß der durch-
tretende Dampf genügt, um den abgesperrten Heizkörper längere Zeit
vollständig zu erwärmen. Allmählich tritt, unter Umständen allerdings
erst nach mehreren Stunden, eine Abkühlung ein. Dann ist der Heizkörper ganz mit Kondensat anstatt mit Luft gefüllt und das Wasser
fehlt in der Kesselanlage.

In einem besonderen Falle war eine kleine Heizungsanlage an die
Dampfkessel einer Wäscherei angeschlossen, die einen Druck von 0,3
bis 0,4 at erforderte. Mit Rücksicht auf den hohen Druck, der für die
Heizung nicht herabgesetzt wurde, waren die Heizkörper nicht mit
Regulierventilen, sondern mit Stauern versehen, deren richtige Einstellung sich aber als vollständig unmöglich erwies. Einige Heizkörper
schlugen dauernd durch, so daß andere nicht entlüften konnten, während
wieder andere nach der Erwärmung nicht mehr abgestellt werden
konnten.

Die einzige Möglichkeit zur richtigen Ingangsetzung der in der
grundsätzlichen Anordnung vollständig verfehlten Anlage war die Anbringung eines Reduzierventils zur Herabsetzung des Anfangsdruckes
und sorgfältige Einstellung der Heizkörperventile.

c) Warmwasserheizungen sind im allgemeinen gegen falsche
technische Behandlung viel weniger empfindlich als Dampfheizungen.
Sind aber Fehler vorhanden, so ist die Untersuchung deshalb viel
schwieriger, weil man nicht in der Lage ist, die Heizung während des
Betriebs auseinanderzunehmen. Man muß allein aus der Art des
Warmwerdens auf die Ursache der Störung schließen.

Auf die falsche Einstellung der Regelungsvorrichtung an den Heizkörpern ist bereits hingewiesen. Die Behandlung ist für Warmwasserheizungen genau die gleiche wie für Dampfheizungen.

Beim Versagen einzelner Heizkörper an einem Strang, dessen
übrige Heizkörper warm werden, ist, besonders wenn es sich um die
höchstgelegenen Heizkörper handelt, von vornherein mit großer Sicherheit auf Ansammlung von Gasen zu schließen.

Vielfach bleibt bei einer zu schnellen Füllung Luft in den Heizkörpern zurück. In einem solchen Falle hilft eine Entleerung bis unter

den Vorlauf des niedrigsten versagenden Heizkörpers und ganz langsame Neufüllung. Wenn keine anderen Ursachen für Gasansammlungen vorliegen, wird diese Art der Behandlung gut und endgültig helfen.

Luft kann dann bei Schwerkraft-Warmwasserheizungen nur durch Nachspeisen in die Anlage gelangen, und die Anordnung muß ziemlich ungeschickt sein, wenn sie durch den Rücklauf in den Heizkörper gelangen soll. Meist wird die in dem Wasser gelöste Luft im Kessel ausgeschieden und gelangt nur in den Vorlauf und bei ordnungsmäßiger Ausführung von diesem in die Luftleitung und in das Ausdehnungsgefäß, ohne die geringsten Störungen hervorzurufen.

Wenn eine ordnungsmäßig angelegte Warmwasserheizung doch ähnliche Fehler zeigt, so handelt es sich stets um brennbare Gase, welche durch Zersetzungen im Rücklauf der Heizungsanlage entstehen, in die höchststehenden Heizkörper treten und durch die schwachen Anschlußleitungen nicht in die Luftleitung entweichen können. Von der Brennbarkeit kann man sich überzeugen, wenn an dem betroffenen Heizkörper kleine Entlüftungsschrauben angebracht sind und die Gase durch geringes Öffnen langsam abgelassen werden. Durch eine vorgehaltene Flamme lassen sie sich entzünden und brennen mit einer nicht leuchtenden blauen Flamme.

Daß sich das erhitzt gewesene, aber ziemlich reine Wasser des Rücklaufes mit dem Eisen allein zu brennbaren Gasen umsetzt, ist wenig wahrscheinlich. Zur Bildung der Gase gehören vielmehr organische Bestandteile, die auch bei einer geringen Sorglosigkeit der Monteure mit dem zum Schneiden verwendeten Öl leicht in die Rohre gelangen können.

Wenn die Ölmengen sehr gering sind, so wird die Zersetzung nach verhältnismäßig kurzer Zeit ein Ende finden, und die Belästigung hört nach einiger Zeit auf.

Will man aber nicht abwarten, bis die Gasentwicklung ein natürliches Ende findet, so ist nur die Möglichkeit gegeben, die Ölreste durch heißes Wasser auszuspülen. Hierzu muß der Vorlauf des Kessels mit dem Rücklauf der Verteilungsleitung verbunden werden, während der Vorlauf der Verteilung und der Rücklauf des Kessels zugeflanscht werden. Es empfiehlt sich, alle Heizkörper, die durch die Gasbildung nicht in Mitleidenschaft gezogen sind, abzusperren, und dann unter leichtem Anheizen des Kessels Wasser nachzuspeisen, das durch die Luftleitung und den Überlauf abfließt und mit großer Sicherheit alle schädlichen Ölbestandteile fortführt. Nachdem das Wasser etwa drei Stunden lang mit einer Temperatur von mehr als 60⁰ abgeflossen ist, wird die Anlage wieder wie früher verbunden und wird jetzt keine Gasstörungen mehr zeigen.

Anders liegen die Verhältnisse bei Pumpen-Warmwasserheizungen, sofern auf die besonderen Verhältnisse nicht besonders bei dem Entwurf Rücksicht genommen ist.

Wenn in den Heizkörperanschlüssen größere Wassergeschwindigkeiten herrschen, so wird auch Luft, die sich in der Kesselanlage aus dem nachgespeisten Wasser abscheidet, nicht in die Luftleitungen, sondern in die Heizkörper gerissen und setzt sich hier fest. Bei stärkerer Erwärmung dehnt sie sich aus und versperrt den Zulauf zum Heizkörper, so daß dieser zwar nicht vollständig kalt, aber doch nicht richtig warm werden kann. Eine Verstärkung der Vorlaufleitung, wenn auch nur auf eine kurze Strecke, wird Abhilfe schaffen. Die Größe der neuen Rohre und die Länge der zu verstärkenden Teile ist vom technischen Büro festzulegen.

Am unangenehmsten sind die Luftstörungen bei Pumpen-Warmwasserheizungen, welche durch nicht genügende Beachtung der Druckverhältnisse entstanden sind. Es kann vorkommen, daß einzelne Teile der Anlage einen geringeren Wasserdruck haben als den atmosphärischen. Dann wird an dieser Stelle durch die geringfügigste Undichtheit, die kein Wasser austreten zu lassen braucht, Luft angesaugt, die sich nun unter Umständen an den für den Betrieb ungünstigsten Stellen festsetzt.

Wenn die höchsten Drucke in der Anlage dadurch nicht so hoch werden, daß etwa die Kessel oder Heizkörper in ihrer Haltbarkeit gefährdet werden, so ist das einfachste Mittel zur Beseitigung dieser Belästigung der Anschluß des Ausdehnungsgefäßes an den Saugstutzen der Pumpe. Meist wird es möglich sein, wenn nicht gerade verschiedene Systeme zum Teil mit Mischwasser aus Kessel und Rücklauf gespeist werden sollen, die Pumpe in den Vorlauf zwischen Kessel und Verteilungsleitung zu schalten, denn die gewöhnlich hier auftretenden Temperaturen werden von den Pumpen ohne weiteres vertragen, dagegen werden die Kessel unter den geringsten Druck in der Anlage gestellt, und die Heizkörper erhalten einen Druck, der um die Reibungsverluste geringer wird als der statische Druck, vermehrt um den der Pumpe.

Die Untersuchung, welche Art der Abhilfe am richtigsten ist, muß von dem verantwortlichen Ingenieur auf Grund der Zeichnungen und Berechnungen vorgenommen werden.

Eine andere Ursache für das Versagen eines einzelnen Heizkörpers, die man besonders dann vermuten muß, wenn der kalte Heizkörper am gleichen Strang zwischen zwei richtig arbeitenden Heizkörpern liegt, ist ein verkehrter Anschluß derart, daß der Vorlauf unten eingeführt und der Rücklauf oben abgenommen ist. Beim Anstellen des Heizkörpers ist der geringe verfügbare Druck nicht in der Lage, das kalte Wasser aus dem Heizkörper bis zum Rücklaufanschluß zu heben und so den Umlauf einzuleiten. Die Herstellung der richtigen Verbindung ist das einzige, aber auch schnelle und sichere Mittel zur Beseitigung des Übelstandes.

Luftsäcke sowie feste Verstopfungen können selbstverständlich ebenfalls zu einem Versagen führen. Eine genaue Beobachtung der Anlage in bezug auf die erreichten Temperaturen wird in der Regel zur Auffindung der Stelle führen, an der man die Verengung zu suchen hat.

Bei größeren Schwerkraft-Warmwasserheizungen mit unterer Verteilung bleiben mitunter ganze Stränge, meist die von der Kesselanlage entferntesten vollständig kalt oder werden, was vielleicht noch schlimmer ist, von der Rückleitung her warm. Selbstverständlich können die Heizkörper an diesem Strang nicht die Temperatur erhalten, welche der an den Kesseln entsprechen würde. Das Wasser, welches aus dem Rücklauf zuströmt, kühlt sich in den Heizkörpern weiter ab, tritt in die Vorlaufverteilungsleitung und mischt sich bei einem anderen, richtig umlaufenden Strang mit dessen Vorlaufwasser. Selbstverständlich wird auch hier die Temperatur herabgesetzt und der Strang ungenügend erwärmt.

Die Erscheinung tritt nur dann ein, wenn die Bewegungswiderstände in der Verteilungsleitung zu groß sind im Vergleich zu denen in den Strängen. Die Ursache kann in einer zu knappen Bemessung der Verteilungsleitungen, in einer zu reichlichen Wahl der Stränge bzw. Anschlüsse oder schließlich in Verstopfungen oder Verengungen in der Verteilungsleitung liegen.

Das allereinfachste Mittel zur Beseitigung des Übelstandes, das aber nur dann hilft, wenn das Mißverhältnis zwischen den Widerständen in den einzelnen Teilen nicht gar zu groß ist, besteht darin, daß man ohne Unterschied sämtliche Heizkörperventile gleichmäßig abdrosselt. Dadurch werden die Widerstände in den Strängen erhöht, während sie infolge der verringerten durchfließenden Wassermenge in der Verteilung verkleinert werden. Die ganze Anlage wird mit einem etwas größeren Temperaturunterschied zwischen Vorlauf und Rücklauf arbeiten, aber das ist in Anbetracht der Ungenauigkeit unserer Wärmebedarfsberechnungen vollständig ohne jede Bedeutung. Trotz schärfster Aufmerksamkeit ist mir kein einziger Fall bekannt geworden, in dem diese Abdrosselung zu einer Beeinträchtigung der Gesamtwirkung geführt hätte. Und selbst wenn der Temperaturunterschied um volle 5° vergrößert würde, so wäre es nur nötig, um auch theoretisch die beabsichtigte Wärmeleistung zu erzielen, die Kesseltemperatur um 2,5° zu steigern.

Wenn die gefühlsmäßig vorgenommene Einstellung der Ventile keinen merklichen Erfolg hat, so empfiehlt es sich, die Rohrleitung vollständig nachzurechnen. Genauere Angaben über die Berechnung und die verschiedenen zu beachtenden Gesichtspunkte sind bei ungewöhnlichen Anordnungen finden sich in dem Buche „Die Berechnung der Warmwasserheizungen" 4. Auflage, Verlag von R. Oldenbourg, München, 1932.

Sind durch die Nachrechnung keine Fehler in der Bemessung nachzuweisen, so muß angenommen werden, daß die Rohrleitung durch Fremdkörper verengt ist. Es ist zwar schon vorgekommen, daß sich in den weiten Rohrleitungen Mauersteine, Reste von Kalk und Zement und andere Fremdkörper befunden haben, die nur böswillig von anderer Seite eingebracht sein können, aber im allgemeinen hat man mit solchen Ursachen nicht zu rechnen. Viel wahrscheinlicher ist es, daß die Rohre selbst Verengungen haben (Blasen usw.) oder daß Dichtscheiben, z. B. solche aus Gummi, durch die Erwärmung in das Innere des Rohres eingequollen sind. Wenn ein Rohr von 57 mm l. D. auf diese Weise bis auf 20 mm und ein solches von 70 mm auf etwa 30 mm eingeschnürt wurde, wie ich es gelegentlich festgestellt habe, so ist es nicht verwunderlich, wenn Teile der Anlage vollständig versagen.

In einzelnen Fällen hat man sich veranlaßt gesehen, das Temperaturgefälle für die Stränge zu belassen, aber das für die Verteilungsleitungen wesentlich zu erhöhen. Es ist das dadurch möglich, daß man dem Vorlauf der Stränge Rücklaufwasser durch Kurzschlüsse beimischt

und aus der Verteilungsleitung nur eine erheblich verringerte Wassermenge mit erhöhter Temperatur zuführt (Abb. 18). Die Verbindung
zwischen Verteilung und Strang wird dann stark gedrosselt und die
Kessel auf eine erheblich höhere Temperatur gebracht als bei Anlagen gewöhnlicher Ausführung er-
forderlich.

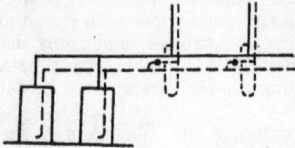

Abb. 18. Beimischung von Rücklaufwasser in die Stränge.

Die Regelung der Strangventile
bei solchen Ausführungen ist eine
außerordentlich schwierige und zeit-
raubende Arbeit. Wenn man gegen
Rückschläge gesichert sein will, muß
man nach der Einstellung eine Probe-
heizung in der Weise vornehmen, daß
man die Heizkörper an dem ungün-
stigsten Strang der ganzen Anlage vollständig abstellt, und, nachdem
bei sonst warmer Anlage diese Leitungen vollständig abgekühlt sind,
die Ventile wieder öffnet. Es ist vorgekommen, daß dann dieser
Strang trotz langwieriger Einstellung der Anlage nicht mehr ordnungsmäßigen Umlauf erhielt.

Wenn es möglich ist, durch Inbetriebnahme mehrerer Kessel,
die bei milder Witterung sonst nicht benutzt werden, den Umlauf

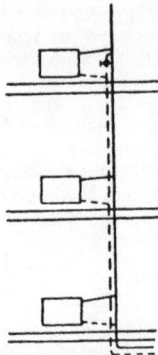

Abb. 20. Doppelter Anschluß
eines Kessels im Vorlauf.

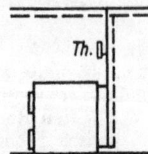

Abb. 19. Einstellbare Verbindung
vom Vor- zum Rücklauf zur Er-
haltung des Wasserumlaufs bei
abgestellten Heizkörpern.

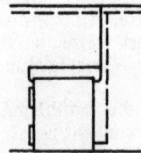

Abb. 21. Verbindung von
Vorlauf und Rücklauf am
Kessel.

herbeizuführen, so kann man den ungünstigsten Anheizzustand nach
Abstellung der Heizkörper dadurch vermeiden, daß man im Strang
zwischen Vorlauf und Rücklauf einen Kurzschluß mit einstellbarer
Drosselung einbaut (Abb. 19).

Die falsche Verteilung der Widerstände kommt oft genug dadurch
zustande, daß die Kesselanschlüsse zu knapp gewählt sind. Diese
sollen, sofern die Möglichkeit verliegt, daß nur mit einem einzigen Kessel
geheizt wird, in der Regel ebenso groß sein wie das Hauptverteilungs-

rohr. Reicht hierzu die Kesselbohrung nicht aus, so ist der Kessel entweder doppelt anzuschließen (Abb. 20) oder es ist ein Kurzschluß zwischen Vorlauf und Rücklauf am Kessel herzustellen (Abb. 21). Bei der Berechnung der Anlage ist hierauf besonders Rücksicht zu nehmen. Ausführliche Behandlung dieser Frage findet sich in der „Berechnung der Warmwasserheizungen" vom gleichen Verfasser, 4. Auflage, Verlag von R. Oldenbourg, München.

Zu recht unangenehmen Störungen neigen Warmwasserheizungen mit Rücklaufleitungen, welche höher liegen als die Heizkörper. Bei

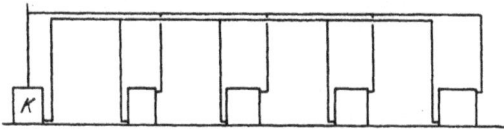

Abb. 22. Heizung eines Geschosses mit hochliegendem Rücklauf. Kessel im beheizten Geschoß.

Zentralanlagen für größere Gebäude findet man diese Anordnung außerordentlich selten, aber recht häufig dann, wenn es sich um die Beheizung nur eines einzigen Geschosses handelt, sei es von einem in dem gleichen Geschoß stehenden Kessel aus (Abb. 22), sei es mit einem Kessel in dem Keller (Abb. 23).

Bei einigermaßen sorgfältiger Behandlung der Anlage wird es meist gelingen, alle Teile beim gleichzeitigen Anheizen richtig warm

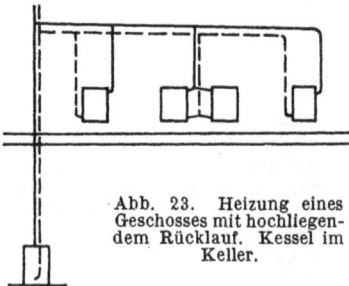

Abb. 23. Heizung eines Geschosses mit hochliegendem Rücklauf. Kessel im Keller.

zu bekommen. Dagegen wird recht oft ein abgestellter Heizkörper, dessen hoch geführter Rücklauf kalt geworden ist, beim Wiederanstellen versagen. Der Vorlauf bis zur Regelungsvorrichtung und auch vielleicht ein Teil des Heizkörpers erwärmt sich, aber der weitaus größte, untere Teil des Heizkörpers bleibt kalt.

Wenn der Kessel im Keller steht, so wird es recht oft möglich sein, durch Erhöhung des Temperaturunterschiedes zwischen Vorlauf und Rücklauf durch scharfes Abdrosseln sämtlicher Regelungsvorrichtungen den Fehler zu beseitigen. Wenn dieser Versuch nicht gelingt, so ist nach einer genauen Durchrechnung die Verteilungsleitung zu verstärken.

Steht der Kessel in gleicher Höhe mit den Heizkörpern oder nur ganz wenig tiefer, so ist mit der Einstellung der Ventile nichts zu erreichen. Auch eine Verstärkung der Rohre selbst auf die größten Durchmesser ist zwecklos, wenn nicht die Hauptrücklaufleitung zur Aufnahme der Heizkörper-Rücklaufanschlüsse heruntergeführt und

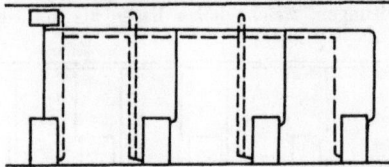

Abb. 24. Heizung mit Kessel im Geschoß. Herabführung des Rücklaufs, der sonst an der Decke liegt.

unten mit diesen verbunden wird (Abb. 24). Dann wird bei nicht allzu großen Fehlern in den Rohrabmessungen die Anlage auch ohne Änderung der Rohrdurchmesser richtig arbeiten, wenn für eine gute Entlüftung der entstandenen Luftsäcke gesorgt wird. Ob hier eine besondere Luftleitung angelegt oder ob die Luft durch nicht wassergefüllte Schleifen in den Vor- oder Rücklauf geführt werden soll, kann nur von Fall zu Fall nach den örtlichen Verhältnissen bestimmt werden. Über die Gesichtspunkte, die bei der Berechnung maßgebend sind, verweise ich auf die „Berechnung der Warmwasserheizungen", insbesondere auf den Abschnitt über ungewöhnliche Anordnungen.

IV. Zugerscheinungen.

Recht unangenehm sind die Klagen über Zugerscheinungen. Bei Heizungsanlagen mit nur örtlichen Heizkörpern können dieses verursacht werden entweder durch mangelhafte Bauausführung oder durch unzweckmäßige Anordnung der Heizkörper. Undichte Fenster oder Spalten in den Umfassungswänden, meist zwischen Fensterrahmen und Mauerwerk, müssen abgedichtet werden. Sie werden häufig dem Auge bemerkbar durch starke Bewegung der Vorhänge, und, wenn solche Erscheinungen nicht auftreten, durch die Einwirkung des Luftstromes auf eine kleine, offene Flamme, wie etwa die eines Streichholzes oder einer Kerze. Die Beseitigung der Undichtheiten ist unter allen Umständen Sache des Bauherrn, und es genügt, wenn der Heizungslieferant auf den Fehler aufmerksam macht.

Recht häufig rühren Zugerscheinungen aber auch davon her, daß die gesamte Heizfläche zu weit von den Abkühlungsflächen entfernt aufgestellt ist. Bei besonders tiefen Räumen ist die Anordnung an der den Fenstern gegenüberliegenden Innenwand stets fehlerhaft. In jedem einzelnen Falle muß überlegt werden, ob ein solcher Fehler durch die nachträgliche Anbringung von Heizfläche an den Außenwänden beseitigt werden kann.

Wird bei einer Lüftungs- oder Luftheizungsanlage über Zug geklagt, so kann oft ohne jede Änderung an der Anlage dadurch Abhilfe geschaffen werden, daß man die eingeführte Luft auf eine etwas höhere Temperatur erwärmt, oder die Luftmenge durch Einstellung der Regelungsklappen oder der Ventilatorumdrehungszahl verändert. In solchen Fällen sind sorgfältige Beobachtungen über die richtige Einstellung zu machen und möglichst genaue Anweisungen für die Bedienung zu geben.

3. Gerüche.

Wenn über schlechte Gerüche geklagt wird, so ist vor allen Dingen festzustellen, welcher Art die Gerüche sein sollen. Selten wird man so klare Auskünfte erhalten, daß man sich daraus allein ein sicheres Urteil bilden kann. Meist bestehen die Antworten aus einem großen Wortschwall mit vielen „und", durch welchen ein eigener Fehler verdeckt werden soll.

A. Ölfarbe.

Wenn klar und deutlich erklärt wird, daß es nach Ölfarbe riecht, so ist bestimmt für den Anstrich eine ungeeignete Farbe verwendet worden, welche den Temperaturen einer Heizung nicht widersteht. Man muß den Besitzer dann an den Malermeister verweisen, welcher den vorhandenen Anstrich vollständig entfernen und durch einen solchen aus gutem Heizkörperlack ersetzen muß. In den ersten Tagen der Benutzung wird auch der neue Anstrich etwas riechen, aber nach kurzer Zeit verschwindet der Geruch, ohne daß die Farbe sich merklich verändert hat. Zu beachten ist, daß ein doppelter Anstrich, mit Grundfarbe und mit Deckfarbe aufzutragen ist, und daß beide Auftragungen richtig zusammenpassen müssen, da bei mangelhafter Auswahl der ganze Anstrich nach einiger Zeit abblättert. Auf diese Möglichkeit ist besonders dann zu achten, wenn z. B. die Heizkörper grundiert angeliefert werden. Die Grundierung, welche nur ein Rosten während des Transportes verhindern soll, wird von dem vorsichtigen Malermeister vor der Auftragung der Deckfarbe entfernt und durch einen, ihm bekannten, gut geeigneten Grundanstrich ersetzt.

B. Trockene Luft.

Wird über „trockene" Luft geklagt, so ist zunächst die Raumtemperatur zu kontrollieren. Vielfach wird die Klage nur erhoben, weil die Räume dauernd überheizt sind. Für tags und nachts beheizte Wohnräume mit Heizkörpern unter den Fenstern genügt an Stelle der meist verlangten Temperatur von 20° eine solche von 17—18°. Bei großen Betriebsunterbrechungen und besonders bei Aufstellung der Heizkörper weit von den Fenstern entfernt muß die Temperatur zur Erzielung einer Behaglichkeit oft genug über 20° getrieben werden. Wenn aber, wie oft genug beobachtet, in der Mitte des Raumes 23—25° herrschen, so darf man sich nicht wundern, wenn man in der Kehle dauernd das Bedürfnis nach größerer Feuchtigkeit hat. Übrigens sind so hohe Temperaturen auch für die empfindlichen Holzmöbel eine große Gefahr.

Auch bei zweckmäßiger Einstellung der Raumtemperatur kommen Klagen über „trockene" Luft. Oft werden von den Benutzern der Räume verschieden geformte, mit Wasser gefüllte Behälter über oder neben Heizkörpern angebracht, die aber kaum eine andere als suggestive Wirkung haben. Messungen zeigen, daß die Luftfeuchtigkeit mit und ohne diese Behälter die gleiche ist und fast stets höher liegt als die in den mit Einzelöfen örtlich beheizten Räumen, über welche Klagen nicht geführt werden.

Die wahre Ursache der Belästigung liegt auch nicht in der größeren oder geringeren Luftfeuchtigkeit, sondern in der Beimengung von Schwelprodukten, welche sich bei der Erhitzung des auf den Heizkörpern liegenden Staubes bilden. Der Laie hat vielfach selbst die Beobachtung gemacht, daß die weniger hoch erwärmten Warmwasserheizungen geringere Trockenheitsbelästigungen hervorrufen als die Dampfheizungen, und schiebt die Erscheinung gern auf die Wasserfüllung der Anlage. Er bedenkt dabei nicht, daß das Wasser in der Heizung mit der Luft der beheizten Räume in keine unmittelbare Berührung kommt.

Eine gründliche Prüfung ergibt stets, daß auf den Heizkörpern trotz der angeblich sorgfältigsten Reinigung dicke Schichten Staub liegen. Bei Rippenheizkörpern, die wohl stets verkleidet sind, ist aber auch bei freier Aufstellung eine genügende Reinigung praktisch unmöglich. Und bei den glatten Radiatoren wird sie meist nicht mit der genügenden Sorgfalt vorgenommen. Besonders die Teile zwischen den einzelnen Säulen eines Gliedes an der unteren Verbindung der Glieder sind es, die sich der Reinigung entziehen. Die alten Schwermodelle sind noch leichter zu reinigen als die vielsäuligen Leichtradiatoren und mit der Zahl der Säulen und der Enge des Abstandes wachsen die Schwierigkeiten. Eine erhebliche Verbesserung bilden in dieser Beziehung die neuen Krankenhausmodelle sowie andere glatte Formen, welche diesen ähnlich sind.

C. Luftkammern.

Die gleichen Erscheinungen mit denselben Ursachen treten bei Lüftungsanlagen auf, deren Luft-Vorwärmeheizkörper ähnlich schlecht behandelt werden.

Bei älteren Lüftungsanlagen bilden die Luftkammern oft die Ursache anders gearteter schlechter Gerüche, wenn sie verschmutzt sind oder gar, wie es vorgekommen sein soll, zur Aufbewahrung modernder Massen oder selbst zu Tierställen benutzt wurden. Eine Verschmutzung der Kanäle kann nur bei übermäßig hohen Lufttemperaturen zu derartigen Erscheinungen führen. Wohl aber kann sie die Ursache für die Verbreitung von Krankheiten sein.

In einigen Fällen ist es vorgekommen, daß üble Gerüche, welche in einigen Räumen unvermeidlich waren (Desinfektionsgerüche in Krankenräumen, Küchengerüche usw.), in andere Räume gedrungen sind. Man kann mit Sicherheit annehmen, daß in den Räumen, in welchen die Gerüche entstanden sind, zur Entfernung derselben Fenster geöffnet wurden und daß ein ungünstiger Wind die Luft durch die offenen Fenster in das Haus gedrückt hat.

Wenn keine besonderen Einrichtungen zur Lufterneuerung vorhanden sind, so ist gegen die Verbreitung dieser Gerüche gar nichts zu machen. Man muß sie als einen Fehler des Gebäudes hinnehmen, der eben so lange bestehen wird wie das Gebäude selbst. Nur wenn eine Drucklüftung eingabut ist und die Verbreitung durch die Kanäle erfolgt, die vorschriftswidrig nicht unter Ventilatorendruck stehen, kann man durch Inbetriebsetzung der Maschinen den Übelstand beheben.

D. Kesselgerüche.

Gerüche aus dem Kesselhaus (Rauch, schweflige Säure) lassen immer auf einen Fehler in der Kesselanlage schließen. Die erste Frage ist die, ob der Schornsteinzug genügend groß ist. Man verlasse sich dabei nicht auf das kräftige Hineinziehen einer Flamme in eine geöffnete Reinigungsklappe. Papierfeuer wird schon ausgeblasen, wenn der Zug nur für einen kleinen Bruchteil der Kesselbelastung ausreicht. Nur eine Messung bei vollem Betriebe und abgeschlossenen Reinigungsöffnungen gibt ein richtiges Bild. Der Schornsteinzug muß sich der Kesselbauart anpassen. Es sei hier auf den Abschnitt über nicht ausreichende Heizwirkung der Kessel hingewiesen.

Bei genügendem Schornsteinzug können Rauchgase aus dem Kessel austreten, wenn in den Abzugsstutzen oder in einigen Zügen Verstopfungen vorhanden sind. Eine gründliche Reinigung wird in diesem Falle stets Abhilfe schaffen.

4. Geräusche.

Bei reinen Heizungsanlagen kommen hauptsächlich die folgenden Geräusche vor:

A. ein unregelmäßiges, metallisches Schlagen;

B. ein Pfeifen;

C. ein mehr oder weniger lautes Ticken oder Knacken in regelmäßigen Zwischenräumen, welche mehrere Sekunden dauern können, aber oft erheblich kürzer sind, so daß das Ticken zunächst in ein tiefes Brummen übergeht; bei schnellerer Folge der einzelnen Schläge geht das Brummen in einen höheren Ton über, der sich in der Stärke bis zu einem lauten Heulen steigern kann;

D. ein Gurgeln oder ähnliches Rauschen; schließlich kommen

E. reine Maschinengeräusche in Betracht.

Die ersten beiden Geräusche kommen fast nur bei Dampfheizungen, die letzteren meist bei Warmwasserheizungen vor.

A. Schlagen.

Das unregelmäßige Schlagen ist stets darauf zurückzuführen, daß Dampf mit ziemlich stark abgekühltem Wasser zusammentrifft und dabei plötzlich wieder zu Wasser kondensiert wird.

Am häufigsten hat man diese Belästigung beim Anheizen der Anlage. Durch die Erwärmung der Eisenmassen bildet sich recht viel Kondensat, und wenn die Rohre nicht reichlich groß sind — die Beurteilung der richtigen Größe soll stets dem leitenden Ingenieur überlassen bleiben —, so kann das kalte Kondensat nicht schnell genug abfließen und wird vom Dampf erreicht und gibt Anlaß zum Knallen.

Besonders leicht entstehen diese Geräusche in den Teilen der Dampfleitung, welche nicht mit Gefälle, sondern mit Steigung verlegt sind. Hier müssen die Rohre besonders reichlich bemessen werden, damit unmittelbar nach der Bildung des Kondensates soviel Dampf aus dem Kessel nachströmt, daß sich das Wasser gar nicht erst abkühlen kann und recht heiß dem Dampf entgegenströmt. Je nach der Länge des steigenden Teiles der Leitung ist der Rohrdurchmesser um 1—3 Abmessungen größer zu nehmen als nach der Rechnung allein erforderlich wäre. Besonders dann, wenn Richtungsänderungen unvermeidlich sind, in denen sich das Wasser leicht stärker anstauen kann, ist diese Vorsicht in reichlichem Maße anzuwenden. Die Steigung soll recht groß gewählt werden, bei geringen Entfernungen, vielleicht bis zu 1 m, 5 cm auf 1 m, bei größeren Längen u. U. 30 cm auf 1 m. In einer Anlage mit etwa 5 m steigendem Rohr und mehreren Biegungen auf dieser Länge hat diese Steigung für einen praktisch geräuschlosen Betrieb genügt. Formstücke für Richtungsänderungen sind zu vermeiden, alle Bögen sind schlank zu biegen.

Unvermeidlich ist das Schlagen dann, wenn Dampf in die Kondensleitungen tritt. Dieser Fall liegt stets vor, wenn einzelne Heizkörper durchschlagen, wenn also etwa vorhandene Stauer bzw. Ableiter nicht richtig abschließen oder wenn bei Regulierventilen diese nicht genügend abgedrosselt sind.

Bei Hochdruckdampfheizungen werden die Kondenstöpfe das Wasser immer mit der Temperatur aus den Heizkörpern treten lassen, welche der Dampfspannung im Heizkörper entspricht. Da in der Kondensleitung nur der Druck der Atmosphäre herrscht, wird durch die Übertemperatur Wasser verdampft, das Auftreten von Dampf in der Kondensleitung ist also fast unvermeidlich. Daher wird eine Hochdruckdampfheizung gewöhnlicher Ausführung niemals geräuschlos arbeiten.

Auch bei Niederdruckdampfheizungen kann der Fall eintreten, daß durch gut eingestellte Ventile soviel Dampf geht, daß er durch den Heizkörper hindurch unkondensiert in die Kondensleitung tritt. Besonders bei großen Anlagen mit verhältnismäßig hohem Dampfdruck im Kessel wird die Ausschaltung eines erheblichen Teiles der Heizfläche derartige Änderungen im Druckabfall herbeiführen, daß einige Heizkörper durchschlagen und die gefürchteten Geräusche verursachen.

Bei richtig bemessenen Rohrnetzen und gut eingestellten Ventilen kommt mitunter Dampf durch die Entwässerungen in die Kondensleitung. Bei Verwendung von Stauern oder Ableitern wird eine gründliche Untersuchung der Apparate, wenn nötig, ein Ersatz derselben und sorgfältigste Einstellung für eine gewisse Zeit Abhilfe schaffen.

Entwässerungsschleifen sollen im allgemeinen die doppelte Länge haben als dem Dampfdruck im Kessel entspricht. Die Druckschwankungen bringen den Wasserabschluß leicht zum Pendeln, und wenn dadurch das Wasser ganz herausgeschleudert ist, kann der Dampf unbehindert in die Kondensleitung gelangen. Eine Wiederfüllung tritt während des Betriebes erfahrungsgemäß nicht ein, nur nach einer Betriebsunterbrechung und Abkühlung kann man damit rechnen, daß wieder Wasser in die Schleifen gelangt.

Bei Abdampfheizungen, welche an Kolbendampfmaschinen angeschlossen sind, kann man nicht damit rechnen, daß die angegebene Schleifenlänge ausreicht. Die regelmäßigen Kolbenstöße wirken derart auf die Wasserfüllung, daß mit einer sicheren Wirkung der Schleifen überhaupt nicht zu rechnen ist. Sofern man nicht eine naß liegende Hauptkondensleitung hat, ist man daher dazu gezwungen, hier Ableiter anzuwenden. Leider sind diese infolge des unvermeidlichen, niemals vollständig zu entfernenden Ölgehaltes des Dampfes noch mehr als bei reinen Niederdruckdampfheizungen der Verschmutzung ausgesetzt und es ist deshalb eine regelmäßige Reinigung und genaue Neueinstellung erforderlich. Geräusche in den Leitungen, die nicht von der Maschine selbst herrühren, sind sehr häufig auf ein Versagen der Ableiter durch Verschmutzung zurückzuführen.

B. Pfeifen.

Wesentlich verschieden von dem Knallen und Schlagen ist das Pfeifen, das meist seine Ursache in sehr stark gedrosselten Regelungsvorrichtungen hat. Besonders bei leicht gebauten Armaturen in Verbindung mit leicht schwingenden Heizkörpern, wie z. B. Stahlradiatoren, kann dieses Geräusch zu einer dauernden Plage werden. Sofern es die Bemessung der Rohrleitungen gestattet, ist das beste Mittel dagegen eine starke Herabsetzung des Kesseldruckes und entsprechendes Öffnen der Ventile in der Voreinstellung. Ferner dient zur Bekämpfung die Verwendung recht schwerer Armaturen und nicht schwingender Heizkörper. Wenn aber diese Mittel nicht zum Ziele führen, ist nur die eine Möglichkeit gegeben, durch genaue Berechnung und Verstärkung der Rohrleitungen den Druck vor den Heizkörperventilen so stark herabzusetzen, daß ein erhebliches Drosseln nicht erforderlich ist.

C. Ticken und Brummen.

Viel schwieriger festzustellen ist die Ursache eines leider recht oft beobachteten Tickens in der Anlage, das sowohl bei Dampfheizungsanlagen als auch bei Warmwasserheizungen auftreten kann.

Vor allen Dingen ist durch scharfe Beobachtung festzustellen, in welchem Betriebszustande das Geräusch auftritt. Wenn man es nicht im Dauerzustand, wohl aber beim Anheizen und bei der Abkühlung hört, so kann man mit einiger Sicherheit annehmen, daß sich die Rohrleitung an irgendeiner Stelle in der Befestigung klemmt und durch die Verschiebung in derselben das Geräusch hervorruft. Es ist nicht immer nötig, daß die Ursache an der Stelle liegt, an welcher die Belästigung am größten ist. Durch die Rohrleitungen werden die Geräusche weit fortgeleitet und werden da gehört, wo die Resonanz-

verhältnisse am günstigsten sind. Deshalb ist es erforderlich, durch Ab-
horchen der Leitungen zunächst ungefähr den Sitz der Ursache festzustellen. Man wird immer finden, daß nach irgendeiner Richtung hin
sich das Geräusch verstärkt, und dann bei weiterer Verfolgung der
Leitung wieder abnimmt. An der Stelle der größten Lautstärke ist der
Fehler zu suchen. Meist sind es Schellen, welche zu fest um das Rohr
fassen, oder Rohrkreuzungen, bei welchen die Rohre gegeneinander
schleifen. Eine Änderung derart, daß die Teile bei der Ausdehnung
Spielraum gegeneinander haben, wird das Geräusch zum Verschwinden
bringen.

In der Art diesen Geräuschen sehr ähnlich sind diejenigen, welche
auf einen Gußfehler im Kessel zurückzuführen sind. Auch hier tritt
die Belästigung infolge der Resonanzverhältnisse häufig weit von der
Ursache entfernt auf.

Deutlich zu unterscheiden von den zuerst beschriebenen Geräuschen sind diese dadurch, daß sie bei Abdrosselung der Feuerung
stets nachlassen und schließlich ganz verschwinden.

Je nach dem Fabrikat des Kessels und der Art des Fehlers beginnt
das Geräusch bei verschiedenen Wassertemperaturen als ein leises
Ticken in größeren oder kleineren Zwischenräumen, bei stärkerer Erwärmung nimmt die Häufigkeit der Schläge zu, das Schlagen geht in
ein Brummen über, dann folgt ein Singen und schließlich ein richtigs
Heulen, welches u. U. in größerer Entfernung auch außerhalb des
Gebäudes zu hören ist. Mitunter hört das Geräusch auch bei Erreichung
einer höheren Temperatur auf.

Die Ursache besteht hier immer in Dampfblasen, die sich an der
Gußhaut im Inneren der Kesselglieder gebildet haben. Infolge von
Unebenheiten oder Blasen kann das Wasser nicht genügend schnell
weiter fließen, es wird überhitzt und es bilden sich kleinere oder größere
Dampfblasen, die sich beim Aufsteigen in das kältere Wasser konden-
sieren und zu den Schlägen Veranlassung geben. Sind die Blasen in
der Gußhaut sehr klein, so können sich auch nur kleine Dampfblasen
bilden und das Geräusch zeigt sich als ein leises Ticken. Größere Guß-
blasen verursachen größere Dampfblasen und dadurch ein heftigeres
Klopfen.

Einige Kesselwerke empfehlen zur Beseitigung des Singens eine
Behandlung mit Leinöl, das möglichst gleichmäßig über die innere
Oberfläche verteilt und durch ein leichtes Feuer eingebrannt wird.
Tatsächlich werden ganz kleine Unebenheiten auf diese Weise aus-
geglichen und das Geräusch verschwindet.

Selbstverständlich gelingt dieses Verfahren nur dann, wenn es
sich um ganz feine Unebenheiten im Guß handelt, nicht aber bei
größeren Blasen. In allen Fällen wird die innere Oberfläche mit einer
die Wärmeübertragung verringernden Schicht überzogen, die zwar
kaum einen Einfluß auf die Höchstleistung des Kessels ausübt, jedoch
wohl aber die Ausnutzung der Brennstoffe beeinträchtigt und
daher den Verbrauch erhöht. Leider sind derart behandelte Kessel
noch nicht in den Laboratorien untersucht worden, sonst hätte sich
bestimmt eine sehr beachtliche Herabsetzung des Kesselwirkungs-
grades gezeigt.

Es ist unter allen Umständen richtiger, einen Kesselteil mit einem
solchen Gußfehler auszuwechseln, und wenn es nicht zufällig gelingt,
das Glied mit dem Fehler einwandfrei zu ermitteln, lieber den ganzen
Kessel durch einen neuen zu ersetzen.

D. Gurgeln.

Wenn es in der Anlage gurgelt und rauscht, so ist das immer ein
Zeichen dafür, daß sich Dampf- oder Luftblasen durch Flüssigkeit
hindurcharbeiten müssen.

Bei Dampfheizungen kommt das nur im Anheizzustand vor,
solange sich Luft durch einen Wassersack drängen muß. Wenn nicht
im weiteren Verlauf durch das Durchschlagen von Dampf in die Kondensleitung ein heftiges Schlagen eintritt, das allein schon ein Eingreifen
unbedingt erforderlich macht, kann man mit Sicherheit annehmen, daß
durch den Wassersack die vollständige Erwärmung der Heizkörper
unmöglich gemacht wird. Auf alle Fälle muß der Wassersack beseitigt
und die Anlage dann nach den früher gegebenen Weisungen in Ordnung
gebracht werden.

Ein ähnliches, aber anhaltenderes Geräusch tritt bei einigen der
früher viel gebauten Schnellumlaufheizungen ein. Bei vielen dieser
Anlagen wird im Kessel Dampf gebildet oder das Wasser so hoch erhitzt,
daß Dampfbildung in einem höheren Teil der Anlage eintritt. Das
Durcharbeiten des Dampfes durch das Wasser, durch welches die Um-
laufgeschwindigkeit erhöht wird, führt oft genug zu den störenden
Geräuschen. Diese sind nur durch die vollständige Änderung der Anlage
entweder in eine solche mit reinem Schwerkraftbetrieb oder mit Pum-
penumwälzung zu beseitigen.

E. Maschinengeräusche.

Die Verwendung von Maschinen zur Beförderung von Luft oder
Wasser ist mitunter Veranlassung zu anderen störenden Geräuschen.
In den Heizungs- und Lüftungsanlagen sind es fast nur Zentrifugal-
pumpen und Zentrifugalventilatoren, welche zur Anwendung kommen.
Hohe Umdrehungszahlen brin-
gen die Gefahr der Geräusche sehr
nahe. Deshalb sollte man die fast
immer elektrisch angetriebenen För-
dermaschinen höchstens mit 1000,
besser nur mit 600 Umdrehungen in
der Minute laufen lassen. Ein vor-
geschalteter elektrischer Drossel-
widerstand, welcher die Umdrehungszahl entsprechend verringert, hat
schon manches Geräusch beseitigt,
allerdings auf Kosten der Förder-
leistung. Richtig ist, von vornherein die Maschinen für die geringere
Umdrehungszahl zu wählen.

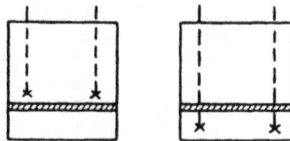

Abb. 25.

Richtige   Falsche
Befestigung der Fundament-
schrauben.

Rein mechanische Erschütterungen sind durch schwere Funda-
mentblöcke auf elastischen Unterlagen, am besten Naturkork, un-

5*

schädlich zu machen. Besonders ist darauf zu achten, daß die Befestigungsschrauben nicht durch die dämpfende Schicht hindurchreichen (Abb. 25).

Drehstromgeräusche kann man nur elektrisch beseitigen. Hier sollte man unter allen Umständen den Elektriker heranziehen.

Wenn die Widerstände einer Luft- oder Wasserführung andere sind als bei der Bestellung der Maschine angegeben, so ändert sich die geförderte Menge und dadurch entstehen in der Maschine selbst Stöße, welche ein Singen oder Brummen hervorrufen. Das Geräusch wird durch das Wasser oder die Luft weiter getragen und auf sehr weite Strecken fortgepflanzt.

Durch Druckmesser läßt sich sehr leicht feststellen, ob derartige Verhältnisse vorliegen. Eine Beseitigung der Störung gelingt dann, indem man die Widerstände durch Einschaltung einer Drosselung erhöht oder eine Verringerung durch schlankere Führung und im schlimmsten Falle durch Vergrößerung der Querschnitte herbeiführt.

5. Hoher Verbrauch.

A. Prüfung auf Berechtigung.

Den Klagen über zu hohen Verbrauch der Anlage muß man in der Mehrzahl der Fälle recht kritisch gegenüberstehen. Meist werden sie erhoben auf Grund eines Vergleiches mit anderen Heizeinrichtungen, welche in Wirklichkeit gar nicht vergleichbar sind. So ist es vorgekommen, daß Beschwerde darüber geführt wurde, daß ein freistehendes Haus, das den Winden stark ausgesetzt war und etwa 10 Wohnräume enthielt, mehr Kohle erforderte als die früher bewohnte Etagenwohnung von 4 Zimmern in einer geschützten Straßenflucht, wobei noch meist 2 oder gar 3 Zimmer wegen der vorhandenen Ofenheizung kalt gelassen wurden.

Vor einer Untersuchung der Anlage auf etwa vorhandene Fehler sollte man daher zunächst überschläglich berechnen, welcher Verbrauch als angemessen zu bezeichnen ist.

Nur bei wirklich zu hohen Verbrauchszahlen lohnt es sich, auf die Klagen einzugehen. Dann allerdings ergeben sich die allerschwierigsten Fragen, zu deren Beantwortung oft recht viel Geschick auch auf dem rein geschäftlichen Gebiet erforderlich ist.

Zunächst sollte man prüfen, ob die in Rechnung gesetzte Kohlenmenge auch tatsächlich verfeuert ist. Es ist unbedingt erforderlich, die Aufstellung der Lieferungen nachzuprüfen und zu untersuchen, ob und in welcher Weise Unredlichkeiten des Personals verhindert werden.

Weiter ist festzustellen, ob nicht auch noch andere Feuerstellen von dem gleichen Kohlenvorrat gespeist werden, und wie hoch eine solche stille Beteiligung sein kann.

Wenn nach diesen Vorprüfungen der Schluß gezogen werden kann, daß tatsächlich ein zu hoher Kohlenverbrauch eingetreten ist, so kann die Ursache hierfür in Fehlern der Anlage oder in solchen der Bedienung liegen.

B. Zu kleiner Kessel oder zu kleiner Heizkörper.

Zunächst ist dann unter allen Umständen durch Nachrechnung festzustellen, ob die vorhandene Kesselheizfläche genügend groß ist. Zu kleine Kessel zwingen zu einer starken Überanstrengung der Feuerung und führen zu großen Schornsteinverlusten.

Auch ein ausreichender Kessel kann in Verbindung mit zu kleinen örtlichen Heizflächen oder ungenügender Erwärmung derselben durch Rohrleitungsfehler die Einhaltung zu hoher Wassertemperaturen oder zu hoher Dampfdrucke erforderlich machen und auch hierdurch wird eine Kohlenverschwendung herbeigeführt.

C. Ungleichmäßige Verteilung der Heizflächen.

Der häufigste Fehler bei dem Entwurf der Anlagen aber ist eine ungleichmäßige Verteilung der Heizflächen, die eine Überheizung einiger Räume herbeiführt, wenn andere die genügende Temperatur erhalten sollen. Wenn dann nicht eine sehr sorgsame örtliche Bedienung einsetzt, die in den allermeisten Fällen fehlt, so kostet diese Überheizung sehr große Brennstoffmengen.

D. Ausschaltung von Kesselteilen.

Wenn in allen diesen Punkten keine Fehler festzustellen sind, so muß geprüft werden, ob nicht in dem Kessel Schäden vorhanden sind, durch welche ein Teil der Heizfläche ausgeschaltet oder in der Wirkung verringert wird. Dann liegen betriebstechnisch die gleichen Verhältnisse vor wie bei einem zu kleinen Kessel.

E. Verschmutzung der Kessel.

Zu den Ursachen der Wirkungsverringerung zählt in erster Linie eine Verschmutzung der Kessel. Dann aber kommen auch Undichtheiten in den Wandungen zwischen den einzelnen Zügen vor, durch welche die Rauchgase unter Umgehung eines Teiles der Heizfläche zu schnell in den Rauchgasabzug gelangen. Eine gründliche Reinigung der Heizflächen und eine gute Abdichtung der Züge, die mitunter zu einer vollständigen Abmontierung der Kessel zwingt, wirken in solchen Fällen Wunder.

Es sei besonders darauf hingewiesen, daß teerige Niederschläge, welche sich unvermeidlich bei Verwendung gasreicher Brennstoffe (Steinkohle und Briketts, Anthrazit usw.) in Kokskesseln bilden, mit Kesselbürsten und anderen mechanischen Mitteln nicht gründlich zu entfernen sind. Es bleibt immer eine Schicht zurück, welche eine gute Wärmeübertragung verhindert. Nur ein Abbrennen mit heißen Flammen kann eine so verschmutzte Heizfläche wieder sauber und gut wirksam machen.

F. Schornsteinzug.

Wenn Fehler der erwähnten Art nicht vorhanden sind, kann die Ursache eines zu hohen Verbrauches in den Schornsteinverhältnissen liegen. Jeder Kessel braucht zur guten Arbeit einen ganz bestimmten Schornsteinzug. Innerhalb gewisser Grenzen ist derselbe durch den

Rauchschieber und die Luftklappen an der Feuertür zu regeln. Aber infolge der Polizeivorschriften, daß ein bestimmter Teil des Schornsteinquerschnittes stets geöffnet bleiben muß und auch durch die mehr oder weniger große Sorgfalt der Bedienung wird diese Regelung sich stets in nur sehr engen Grenzen halten. Selbstverständlich ist es niemals möglich, hierdurch einen zu geringen Zug auf die erforderliche Größe zu verstärken. Aber auch ein zu starker Zug läßt sich nicht beliebig weit abdrosseln.

Jede Feuerung brennt bei zu starkem Zug unwirtschaftlich. Bei den in Zentralheizungsanlagen benutzten Kesseln ändert sich für die volle Belastung mit der Bauart der erforderliche Zug zwischen 1,0 und 6—7 mm Wassersäule. Ganz große schmiedeeiserne Kessel benötigen den stärksten Zug. Gliederkessel für Koks mit unterem Abbrand erfordern 5—6 mm, solche mit oberem Abbrand und fallenden Zügen 1,5—3 mm, Zimmerkessel mit oberem Abzug 1,0—1,5 mm. Die Verfeuerung von Anthrazit feiner Körnung macht einen stärkeren Zug erforderlich.

Man wird immer dann einen zu starken Schornsteinzug vermuten müssen, wenn die Füllung des Kessels zu schnell verbrennt. In jeder Kesselliste ist die Kohlenfassung angegeben, besser aber wird man durch Wägung diese Größe selbst bestimmen, da mitunter als Fassung auch die Menge mitgerechnet ist, welche als glühender Rest unter allen Umständen bei der Nachfüllung übrig bleiben muß, und ferner der Raum, der bei oberem Abbrand über der glühenden Schicht als Verbrennungsraum frei bleiben muß.

Für die erste Beurteilung kann man annehmen, daß bei ganz geöffneten Schiebern auf 1 m² bei den größeren Kesseln etwa 2 kg, bei den Zimmerheizkesseln 3 kg Koks stündlich abbrennen dürfen. Wenn das Feuer wesentlich schneller herunter brennt, so sollte man Zugmesser ansetzen, und zwar unmittelbar hinter dem Kessel in den Rauchgasabzug, und weitere Maßnahmen nur unter Beobachtung des Zugmessers treffen. — Ich habe Kessel gefunden, welche einen Schornsteinzug von 12 mm und mehr hatten, deren Zug sich durch den Rauchschieber aber nicht stärker als bis 6 mm abdrosseln ließ.

In vielen Fällen wird man ordnungsmäßige Zustände herbeiführen können, wenn man in den Rauchgasabzug Hindernisse, etwa Ziegelsteine oder ähnliches einbringt. Da der Querschnitt wegen der Reinigungsmöglichkeit nicht zu stark verengt werden darf, ergibt sich oft die Notwendigkeit, längere Strecken auf diese Weise zu verbauen.

Wenn die örtlichen Verhältnisse eine genügende Verengung nicht zulassen, muß man wohl oder übel zu einem anderen Mittel zur Zugverringerung greifen, und zwar zum Einlaß von Nebenluft, durch welche die Rauchgase im Schornstein abgekühlt werden.

Es gibt eine große Reihe von Vorrichtungen, durch welche dieser Zweck erreicht wird. Sie sind, m. E. zu Unrecht, in Verruf gekommen, weil übereifrige Verkäufer sie wahllos bei allen Anlagen eingebaut haben, auch wenn der Schornsteinzug schon zu schwach war. Sie kommen nur da in Frage, wo der Zug zu stark ist und durch feste Einbauten nicht weit genug herunter gebracht werden kann. Dann aber sind z. T. sehr erhebliche Ersparnisse an Brennstoff zu erzielen.

Hier seien noch die „Brennstoffsparer" erwähnt, welche erwärmte Luft in den Verbrennungsraum einführen und dort noch unverbrannte Gase vollständig verbrennen sollen. Die Einführung von Zweitluft ist bei der Verbrennung von Brennstoffen eine unbedingte Notwendigkeit, welche vor der Einleitung der Verbrennung durch Zersetzung brennbare Gase bilden. Die Feuerstelle für solche Brennstoffe soll so eingerichtet sein, daß Zweitluft in der richtigen Menge genügend angewärmt in den Verbrennungsraum tritt. Wird in einem Kessel für Koksfeuerung Steinkohle oder anderes schwelendes Material verfeuert, so wird stets eine unvollkommene Verbrennung stattfinden. Der Einbau der erwähnten Sparer wird keine Abhilfe schaffen, da die Menge der Luft nie richtig eingestellt ist. Wird aber in diesen Kesseln Koks verfeuert, so kann sich ein noch brennbares Gas (Kohlenoxyd) nur bilden, wenn der Betrieb nicht richtig geführt ist.

Eine Brennstoffersparnis durch Nachverbrennung wird bei Kokskesseln also nur in ganz seltenen Fällen eintreten, und hier wird der Zweck besser durch richtige Bedienung erzielt.

Es soll nicht bestritten werden, daß in einigen Fällen auch bei Kokskesseln erhebliche Ersparnisse erzielt worden sind. Hier liegt die Ursache aber nicht in der Herbeiführung einer Nachverbrennung, sondern darin, daß der zu starke Schornsteinzug durch Einführung von kalter Nebenluft und auch durch Verengung der Rauchgaswege herabgemindert worden ist. Das gleiche Ziel erreicht man in solchen Fällen besser und wirtschaftlicher durch die bereits besprochenen Mittel zur Zugverringerung.

Ersparnisse durch Nachverbrennung sind im allgemeinen nur bei schwelenden Brennstoffen zu erwarten. Die richtige Bemessung und vor allem die Einstellung solcher Vorrichtungen erfordert große Kenntnisse und genaue Messungen, die man dem Feuerungsingenieur überlassen sollte.

G. Einige Regeln für die Bedienung.

Auch bei Anlagen, welche sich in jeder Beziehung in einwandfreiem Zustande befinden, kommen durch unsachgemäße Bedienung recht oft Vergeudungen von Brennstoff vor. Es ist nicht möglich, im Rahmen des vorliegenden Büchleins alle Regeln für eine sachgemäße Bedienung zu geben. Hier sei nur als Wichtigstes erwähnt:

1. Sauberhaltung der Roste. Der Aschenfall soll durch den glühenden Brennstoff stets hell erleuchtet sein, und zwar auf die ganze Tiefe des Rostes.

2. Sauberhaltung der Rauchgaszüge. Flugasche und Ruß sind in regelmäßigen, kurzen Zwischenräumen zu entfernen. Kohle- oder Schlackenteile dürfen keinesfalls in den Zügen verbleiben.

3. Einstellung aller Regelungsvorrichtungen so, daß keine großen Schwankungen des Dampfdruckes oder der Wassertemperatur vorkommen. Die Höhe des Druckes bzw. der Temperatur soll so gewählt werden, daß keine Überheizung der angeschlossenen Räume eintritt.

Es sei darauf hingewiesen, daß für Dampfheizungen mit Rücksicht auf die Ungleichmäßigkeit der Erwärmung der Heizkörper bei verringertem Druck der stoßweise Betrieb empfohlen wird, bei dem eine bestimmte Zeit lang der höchste Druck bei jeder Außentemperatur eingehalten und damit die Höchstleistung erzielt wird, worauf zur Verringerung der Gesamtleistung eine entsprechende Zeit lang der Betrieb ganz abgedrosselt wird. Bei einem derartigen Betrieb wird die Raumtemperatur ständig Schwankungen unterworfen sein, und es ist Sache einer guten Bedienung, diese Schwankungen in erträglichen Grenzen zu halten.

Zu beachten ist, daß Kessel mit oberem Abbrand anders beschickt werden müssen als solche mit unterem Abbrand. Bei dem unteren Abbrand muß darauf geachtet werden, daß die Füllung die unteren Abzüge für die Rauchgase stets vollständig bedeckt. Wenn der Brennstoff weiter heruntergebrannt ist, strömt Nebenluft an dieser Stelle in die Züge, welche nicht zur Verbrennung erforderlich ist, die Rauchgase verdünnt und vorzeitig abkühlt. Eine Füllung des Schachtes bis zur oberen Abdeckung ist, da der Brennstoff kalt liegt, ganz unbedenklich.

Bei oberem Abbrand ist die Höhe der Füllung der Belastung des Kessels anzupassen. Unter allen Umständen muß über dem Füllraum ein Verbrennungsraum bleiben. In der Regel ist als Höchstgrenze für die Füllung der untere Rand der Fülltür zu betrachten.

Bei schwacher Belastung ist aber der Koksvorrat — oberer Abbrand kommt nur bei Koks in Betracht — geringer zu halten. Große Schichthöhen bei geringer Luftzufuhr bewirken in dem glühenden Teil eine Rückbildung der Verbrennungsgase und ein Entweichen großer Mengen von Kohlenoxyd.

H. Örtliche Bedienung.

Allerdings kann die beste zentrale Bedienung durch falsche Maßnahmen in den beheizten Räumen erfolglos gemacht werden.

Eine der verbreitetsten Unsitten ist das lang dauernde Öffnen der Fenster bei vollem Betrieb der Heizung. Es wird dabei eine Unmenge von Wärme in das Freie gelassen. Wenn sich der Benutzer der Räume nun damit zufrieden gäbe, daß durch seine Unvernunft — durch die auch die Erwärmung der anstoßenden Räume erschwert wird — der Raum kälter ist als normal, so wäre der Schaden noch zu ertragen. Vielfach wird dann aber verlangt, daß die Feuerung stärker betrieben wird, um den Verlust wieder aufzuholen. Die Folge ist die Überheizung anderer Räume, in denen nun wieder nicht die Heizkörper abgestellt, sondern die Fenster geöffnet werden. Bei zwei zentral beheizten Blocks habe ich feststellen können, daß lange Zeit nach der Wohnungsreinigung dauernd $\frac{1}{3}$ bzw. $\frac{1}{4}$ aller Fenster während der Heizperiode ganz oder teilweise geöffnet waren.

Solchen Mißbrauch der zentralen Beheizung kann man wohl feststellen. Ihn durch Aufklärung zu beseitigen ist nahezu aussichtslos. Die einzige wirksame Maßnahme, welche allerdings erhöhte Anlagekosten zur Folge hat, ist die Messung der verbrauchten Wärme und Verteilung der Heizungskosten nach dem gemessenen Verbrauch.

Dann wird jeder Verbraucher ein Zuviel an Wärme durch Abstellen oder Abdrosseln der Ventile an den Heizkörpern ausgleichen, und nicht zu der Beseitigung der Wärme durch die Fenster greifen, und während der Lüftung zur Zeit der Zimmerreinigung werden die Heizkörper abgestellt.

6. Sondererscheinungen an Warmwasserversorgungen.

Über Schäden an den Speicherbehältern und an den Rohrleitungen der Warmwasserversorgungsanlagen ist bereits früher gesprochen worden.

Die Klagen über nicht genügend warmes Wasser können die verschiedenartigsten Ursachen haben.

A. Betriebszustand.

Zunächst sollte stets geprüft werden, ob genügend geheizt wird. Bei mittelbarer Warmwasserbereitung, d. h. Erwärmung des Zapfwassers durch Warmwasser mittels besonderer Heizflächen, die heute wohl allgemein angewendet wird, ist eine genügende Temperatur wohl nur zu erreichen, wenn das Heizwasser mindestens 10^0 höher erwärmt ist. Da man für Küchenzwecke (Geschirreinigung usw.) etwa 55^0 am Zapfhahn haben muß, ist der Heizkessel auch bei schwacher Entnahme auf 65^0 zu halten, und bei starkem Betrieb ist die Kesseltemperatur zu steigern.

Wenn trotz genügend hoher Temperatur am Kessel das Zapfwasser nicht warm genug ist, so ist durch Befragen festzustellen, ob der Fehler schon immer vorhanden war oder erst allmählich eingetreten ist.

Im ersteren Falle liegt ein Fehler in der Bemessung der Anlage vor, und es ist Sache des Ingenieurs, die Größe der einzelnen Teile nachzuprüfen. Besonders sei darauf hingewiesen, daß der Bedarf an warmem Wasser oft genug falsch angenommen worden ist. Unter Umständen gelingt es dann, durch Vorschriften über die Betriebseinteilung und Verteilungspläne für die Benutzung von Warmwasser-Zapfstellen ein befriedigendes Arbeiten zu erzielen. Im allgemeinen wird man aber auf erfolgreiche Anwendung dieses Mittels nicht rechnen können. Wenn dann kein anderes Verfahren zur Feststellung der verlangten Höchstleistung anzuwenden ist, muß man zum Einbau eines Wassermessers und häufiger Ablesung — etwa stündlich einmal — greifen. Die richtige Auswertung der Angaben ist unter allen Umständen Sache des Ingenieurs im technischen Büro.

B. Ablagerungen auf Heizflächen.

Wenn dagegen die Anlage früher gut gearbeitet hat und erst allmählich Mängel aufgetreten sind, so kann man mit einiger Sicherheit auf Kesselsteinablagerung auf den Heizflächen schließen. Eine gründliche Reinigung, die eigentlich regelmäßig, wenigstens einmal im Jahre erfolgen sollte, wird schnelle und gründliche Abhilfe schaffen.

Es sei hier darauf hingewiesen, daß auch dadurch eine Verschlechterung der Wirkung herbeigeführt werden kann, daß der Wasserverbrauch im Laufe der Zeit gestiegen ist. Neben der stärkeren Inanspruchnahme kann die Ursache hierfür darin liegen, daß die Heizfläche teilweise durch Rost zerfressen ist und daß Wasser aus dem Speicher in die Heizanlage tritt. Wenn die Heizungsanlage einwandfrei ausgeführt ist, so wird ein solcher Fehler an den starken Wasserverlusten durch den Überlauf des Ausdehnungsgefäßes bemerkt. Leider aber sind diese Überläufe recht oft so angelegt, daß sie der Beobachtung des Heizers entzogen sind.

Ist die Temperatur des Wassers zwar hoch genug, aber die aus den Entnahmestellen ausströmenden Wassermengen zu gering, so wird selten die Bemessung der Zuleitungen die Ursache sein. Dagegen kann man in den allermeisten Fällen damit rechnen, daß die Leitungen auf kürzere oder längere Strecken durch Kesselsteinablagerungen stark verengt sind. Eine Entfernung dieser Ablagerungen stößt unter allen Umständen auf die größten Schwierigkeiten. Der einfachste Weg zur Beseitigung ist die vollständige Auswechselung der betreffenden Rohrteile.

Es soll hier darauf hingewiesen werden, daß es ein sehr einfaches Mittel gibt, um die Ablagerungen von den Rohrleitungen fernzuhalten. Wenn man am Austritt aus dem Speicher in eine entsprechende Erweiterung ein Filter aus einfacher Holzwolle einbaut, so werden hier alle Niederschläge zurückgehalten und die Leitung bleibt frei. Die Holzwollfüllung muß in Zwischenräumen, deren Größe sich nach der Höhe des Wasserverbrauchs und der Härte des kalten Wassers richtet, erneuert werden. Aus einer Anlage habe ich bereits nach vier Betriebswochen die Füllung nur mit Hilfe von Meißeln herausholen können, die Holzwolle selbst war zu einem nur noch wenig durchlässigen Steinklumpen umgewandelt. Die Rohrleitung aber war frei geblieben.

C. Trübungen.

Recht häufig sind die Klagen darüber, daß das Wasser aus den Warmwasserversorgungsanlagen nicht klar herauskommt.

Mitunter wird die Trübung nur durch die Austreibung der im kalten Wasser gelösten Luft hervorgerufen. Das warme Wasser sieht dann meist milchig aus, aber, wenn es zur Ruhe kommt, steigen die feinen Bläschen schnell an die Oberfläche, und das Wasser wird, von unten beginnend, in ganz kurzer Zeit vollständig klar. Eine solche Trübung ist also kein Nachteil, sondern im Gegenteil ein Beweis dafür, daß das gezapfte warme Wasser noch nicht lange im Speicher gestanden hat und daß die Erwärmung schnell und genügend stark erfolgte.

Wenn dagegen die Trübung gelblich bis rötlich ist und sich in der Ruhe nach unten absetzt, so sind es feste Teile aus Kesselsteinschlamm oder aus Rost, welche als Ursache in Betracht kommen.

Gegen Kesselsteinschlamm gibt es wohl kaum ein anderes Mittel als die schon erwähnten Holzwollfilter. Zu irgendwelchen Bedenken gibt eine solche Trübung keinen Anlaß, es liegt hier lediglich ein Schönheitsfehler vor.

Anders dagegen liegen die Verhältnisse, wenn es sich um Rost handelt. Rost ist ein Zeichen dafür, daß Eisenteile der Anlage angegriffen sind, und man muß dann mit baldigen Schäden rechnen, welche eine größere Instandsetzungsarbeit erfordern. Deshalb sollte man in einem solchen Falle eine gründliche Prüfung, insbesondere des Speicherinneren, vornehmen. Schadhafte Teile einer eingebauten Schlange sind schnellstens auszuwechseln, angerostete Behälterteile durch Einsetzen eines Flicken auszubessern, und das ganze Innere des Speichers mit einem hitze- und wasserbeständigen Anstrich zu versehen.

Nach einem neuen Anstrich wird das warme Wasser mehrere Tage eine gelbbraune Färbung und, nach Verschwinden dieser Färbung, noch einen teerig-öligen Geruch haben. Wenn der Anstrich nicht gut ist, so kann eine Trübung des Wassers eintreten, die dann aber in dem Wasser als fettige Beimischung erkennbar ist. Mitunter schwimmen auch kleine, losgelöste Anstrichteile im Wasser herum. In einem solchen Falle ist der Speicher nochmals zu öffnen, gründlich zu reinigen und ein neuer, guter Anstrich anzubringen.

D. Umlaufleitungen.

Wenn Beschwerde darüber geführt wird, daß viel kaltes Wasser abgelassen werden muß, bevor warmes Wasser aus der Zapfstelle kommt, so ist vor allen Dingen festzustellen, ob eine Umlaufleitung vorhanden ist. Wenn von dem Speicher nur eine einfache Leitung zu den Zapfstellen ohne Rücklaufleitung geht, so muß man sich damit abfinden, daß man erst das ganze kalte Wasser aus der Leitung ablaufen lassen muß und die Leitung selbst anwärmen läßt, bevor man warmes Brauchwasser erhält. Bei der Füllung von Badewannen und genügend hoher Speichertemperatur ist das ohne jede Bedeutung, da doch kaltes Wasser zugesetzt werden muß und es im Grunde recht gleichgültig ist, ob man das kalte Wasser vor dem warmen in die Wanne läßt oder später. Unangenehm ist der Fehler allerdings dann, wenn man nur eine geringe Menge Wasser von höherer Temperatur haben will.

Leider gibt es eine sehr große Anzahl von Anlagen mit Umlaufleitungen, durch welche an den Zapfstellen jederzeit sofort warmes Wasser zur Verfügung stehen sollte, welche diese Aufgabe aber in keiner Weise erfüllen.

Bei den meisten Anlagen wird im Augenblick des Zapfens größerer Wassermengen der Wasserstrom in der Umlaufleitung umgekehrt, und den Zapfstellen strömt eine Mischung von Zulauf und Umlauf zu. Ist der letztere nun an der tiefsten Stelle des Speicherbehälters angeschlossen, so kann leicht das kalte Frischwasser in diese Leitung eintreten und das Wasser an der Zapfstelle so stark abkühlen, daß eine ernstliche Störung eintritt. Man sollte daher

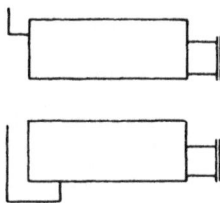

Abb. 26. Richtige (oben) und falsche (unten) Einführung der Umlaufleitung in den Speicher.

den Umlauf stets ziemlich hoch in den Speicher führen, damit auch bei Umkehr der Wasserbewegung warmes Wasser durch diese Leitung fließt (Abb. 26).

Allerdings werden durch die Art des Anschlusses nicht die Fehler beseitigt, welche durch zu knappe Bemessung der Leitungen bedingt sind. Weitaus die meisten Warmwasserversorgungsanlagen haben den Fehler des zu knappen Umlaufes, wodurch das Wasser in dem Zulauf bis zur Zapfstelle sich zu stark abkühlt. Erst nach längerer Zapfdauer wird dann das Wasser die gewünschte höhere Temperatur erreichen.

Eine planlose Änderung solcher Anlagen wird wohl nie zum guten Erfolg führen. Hier ist auf Grund der neuesten wissenschaftlichen Untersuchungen vom Ingenieur eine genaue Rechnung aufzustellen, und danach kann dann mit Sicherheit eine gute Wirkung erzielt werden.

Der Wasserumlauf wird um so besser sein, je höher die Umlaufleitung an dem Strang hochgeführt ist, denn der verfügbare Druck wächst unmittelbar mit dieser Höhe.

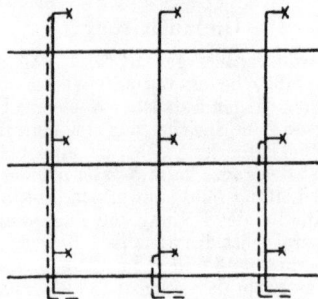

Abb. 27.
Falscher und richtiger
Anschluß der Umlaufleitung
am Strang.

Bei der Erwärmung des Wassers scheidet sich unter allen Umständen Luft aus. Diese steigt in den Strängen in die Höhe und kann an den obersten Teilen recht beträchtliche Längen anfüllen. Gerade in den obersten Zapfstellen wird daher beim Öffnen der Hähne häufig zunächst Luft entweichen. Wenn der Luftvorrat hier so groß geworden ist, daß der Anschluß der Umlaufleitung erreicht wurde, so kann hier der Umlauf vollständig unterbrochen werden. Er setzt erst dann wieder ein, wenn durch Öffnen der obersten Zapfstelle genügend Luft abgelassen worden ist. Deshalb sollte man trotz der günstigeren Druckverhältnisse die Umlaufleitung nicht gar zu hoch an dem Strang anschließen (Abb. 27).

7. Sicherheitsvorrichtungen.

Klagen über mangelhafte Sicherheitsvorrichtungen wird man im allgemeinen nur hören, wenn ein Unfall vorgekommen ist. Sache eines umsichtigen Montageleiters ist es aber, auch ohne besondere Beschwerde auf die Einhaltung aller Vorschriften und Gesetze sowie der technischen Erfordernisse, auch soweit sie nicht durch die Behörden angeordnet sind, zu achten und die Beseitigung fehlerhafter Einrichtungen zu verlangen.

A. Niederdruckdampfkessel.

Durch ein Reichsgesetz sind die Sicherheitsvorrichtungen bei Niederdruckdampfkesseln genau vorgeschrieben. In Deutschland müssen danach Standrohre von nicht mehr als 5 m Höhe nach den Abmessungen der folgenden Zahlentafel angebracht werden.

Zahlentafel 1.

Die Leitungen reichen aus bis zu einer Kesselheizfläche von

Rohrdurchmesser in mm	Kesselheizfläche in m²
34,25	2,6
39,75	3,5
51,0	5,8
57,5	7,4
64,0	9,2
70,0	11,0
76,5	13,1
82,5	mehr als 13,1

Trotz der klaren Vorschriften habe ich bei Standrohren folgende Fehler vorgefunden:

1. Das Standrohr besitzt nicht den verlangten Durchmesser,
2. das Standrohr ist mehr als 5 m hoch geführt worden,
3. das Standrohr ist durch eine Absperrung oder gar durch eine Blindscheibe von dem Dampfraum des Kessels getrennt.

Das Dampfkesselgesetz bedroht den Benutzer solcher fehlerhafter Anlagen mit Gefängnis bis zu drei Monaten. Unkenntnis schützt nicht vor Strafe. Der Ersteller und der Ingenieur, welcher solche Anlagen angeordnet hat, kann nach dem Strafgesetzbuch wegen Gefährdung von Menschenleben bestraft werden, ohne daß aber der Benutzer dadurch straffrei wird.

Wenn, wie es vorgekommen ist, ein Beamter ein Standrohr bemängelte, weil es weniger als 5 m hoch ist, so zeigt das eine vollständige Verkennung des Sinnes des Gesetzes, und der Standpunkt des Beamten war auch vollständig unhaltbar.

B. Bei Warmwasserheizungen

sind die Sicherheitsvorrichtungen für die Kessel durch einen preußischen Ministerialerlaß vorgeschrieben. Die Abmessung der verschiedenen Sicherheitsrohre ist in der Zahlentafel 2 wiedergegeben.

Zahlentafel 2.

Sicherheitsvorrichtungen für Warmwasserheizanlagen
nach den preußischen Ministerialvorschriften vom 5. Juni 1925.

Die Leitungen reichen aus bis zu einer Kesselheizfläche in m²:

Rohrdurchmesser	Nach den preußischen Vorschriften						
	als offene Sicherheitsleitung	als Umgehungsleitung geringer Länge	als Umgehungsleitung größerer Länge	als Sicherheitsausdehnungsleitung geringer Länge	als Sicherheitsrücklaufleitung geringer Länge	als Sicherheitsausdehnungsleitung größerer Länge	als Sicherheitsrücklaufleitung größerer Länge
25,5	4,5	4,1	—	8	10	—	—
34,25	10,2	8,0	4,1	20	36	8	10
39,75	15,5	11,2	8,0	30	58	20	36
51,0	28	18,9	11,2	56	115	30	58
57,5	42	26,6	18,9	84	180	56	115
64,0	60	34	26,6	120	240	84	180
70,0	77	42	34	151	302	120	240
76,5	99	50	42	189	378	151	302
82,5	122	60	50	227	455	189	378
88,0	149	70	60	270	540	227	455
94,5	179	80	70	316	632	270	540
100,5	213	95	80	365	731	316	632
106,5	250	109	95	418	837	365	731

Es kann hier unerörtert bleiben, ob die verlangten Abmessungen technisch erforderlich sind. Da sich durch Verringerung der Rohrdurchmesser nur ganz unerhebliche Ersparnisse erzielen lassen, wird jeder gewissenhafte Montageleiter die genaue Einhaltung der Vorschriften verlangen.

In bezug auf die Anordnung sei folgendes bemerkt:

Die Verwendung von Umgehungsleitungen für die Absperrungen mit eingebautem Wechselventil kann nur angewendet werden, wenn am Kessel Vor- und Rücklauf absperrbar sind. Ist nur in einem Anschluß eine Absperrung vorhanden, so würde bei Absperrung der Umgehung aus der Ablaufleitung solange Wasser aus dem System austreten, bis der Wasserstand zum höchsten Punkt dieser Leitung gesunken ist.

Ebenso treten Wasserverluste bei Absperrung beider Anschlüsse auf, solange nicht beide Wechselventile ihre Endstellung erreicht haben. Noch größer sind die Verluste bei Einbau der scheinbar einfacheren Wechselschieber, bei welchen der ganz geöffnete Schieber einen Abschluß der Ablaufleitung bewirkt, die bei ganz oder teilweise geschlossenem Schieber geöffnet ist. Trotz des hier zulässigen geringeren Durchmessers der Ausblaseleitung entsteht ein Nachteil dadurch, daß der Schieber den Durchmesser des Anschlusses hat und sein Hub größer ist als dieser Durchmesser, während das Wechselventil kleiner gewählt werden kann und nur höchstens seinen halben Durchmesser (nicht den des Anschlusses!) als Hub hat.

Eine Absperrung der Ausblaseleitung, die ich an einer Stelle vorgefunden habe, steht in schroffem Widerspruch zu den Bestimmungen und darf unter keinen Umständen zugelassen werden.

C. Führung der Ausblaseleitungen.

Wohin soll nun der Dampf und das Wasser, die aus den Sicherheitsvorrichtungen treten, geleitet werden?

Auf alle Fälle darf durch das Ausblasen keinerlei Gefahr für Unbeteiligte entstehen.

Man hat gelegentlich zu diesem Zweck das Standrohr in einen unzugänglichen Schacht geleitet. Das ist aber als unbedingt fehlerhaft zu bezeichnen, denn das Abblasen eines Standrohres soll bemerkt werden. Selbstverständlich soll nicht der Heizer bei seiner Arbeit verbrüht werden. Es ist also wohl zweckmäßig das Standrohr in dem Kesselraum ausblasen zu lassen, aber nur an einer Stelle, an welcher der Heizer in seiner Arbeit nicht behindert wird.

Die Ausblaseleitungen der Wechselventile bei Warmwasserheizungen bleiben wohl stets sichtbar im Kesselraum. Wenn nicht ein Ausguß vorhanden ist, über welchen sie geleitet werden, empfiehlt es sich, sie bis in die Nähe des Bodens zu führen, so daß kein Wasser herumspritzen und die Bedienung gefährden kann.

Bei der Anwendung von Sicherheits-Ausdehnungsleitungen wird etwa entstehender Dampf und überschüssiges Wasser durch den Überlauf aus dem Ausdehnungsgefäß entfernt.

Um die Rohrlänge für den Überlauf geringer zu halten, hat sich vielfach die Unsitte verbreitet, diesen auf dem kürzesten Weg durch das Dach ins Freie zu führen. Bei einer solchen Anordnung wird man kaum feststellen können, wann der Überlauf in Tätigkeit tritt. Es kann also vorkommen, daß durch unzweckmäßige Speisevorrichtungen dauernd frisches Wasser in die Anlage tritt und der Überschuß durch den Überlauf wieder abfließt. Auch bei den besten Speisevorrichtungen kann dieser Fall eintreten, wenn die Heizung mit einer Warmwasserversorgung gekuppelt ist und die Heizfläche im Warmwasserbereiter durch Anfressung undicht geworden ist.

Eine solche ständige Nachspeisung gefährdet die Kesselanlage durch den Absatz von Kesselstein.

Die Herausführung ins Freie bringt bei Verwendung geschlossener Ausdehnungsgefäße aber auch eine unmittelbare Gefahr. Bei scharfem Frost kann sich der Überlauf mit Eis zusetzen und dann ist die Anlage keine offene Niederdruck-Warmwasserheizung mehr, sondern eine geschlossene, in welcher der Druck unbestimmbare Größen annimmt.

Ist ein offenes Ausdehnungsgefäß verwendet, so führt ein verschlossener und auch ein zu kleiner Überlauf dazu, daß das Wasser über den Rand des Gefäßes tritt, die Umhüllung unbrauchbar macht und den Dachraum überschwemmt und unter Umständen die Decke des obersten Geschosses durchnäßt und teilweise zerstört.

Aus allen diesen Gründen soll man darauf achten, daß der Überlauf in einem warmen Raum gut sichtbar mündet. In der Regel wird es am besten sein, ihn in den Kesselraum zurückzuführen, und zwar in die Nähe des Speiseventils, so daß beim Nachspeisen am Überlauf beobachtet werden kann, wenn der Höchstwasserstand erreicht ist.

8. Schluß.

Bisher sind wohl an keiner Stelle Fehler von Heizungsanlagen in auch nur annähernd gleichem Umfang behandelt worden. Trotzdem soll nicht der Anspruch auf unbedingte Vollständigkeit erhoben werden. Ich bin jedem Leser des Büchleins dankbar, der durch Zuschriften das vorliegende Material noch ergänzt.

Ich hoffe, durch die Art des Aufbaues dem Ingenieur und auch dem Monteur, welcher Fehler beseitigen soll, die Feststellung der Ursachen erleichtert und die besten Mittel zur Beseitigung der Klagen dargelegt zu haben.

Die Heizungsmontage

Ein Handbuch für die Praxis

Von Dipl.-Ing. Otto Ginsberg

Bd. I: Material und Werkzeuge. 2. neubearbeitete Auflage. 185 S.,
199 Abb. 9 Tafeln. 8⁰. 1929. In Leinen geb. M. 4.90.

Bd. II: Montage der Anlagen. 2. neubearbeitete Auflage. 111 S.,
88 Abb. 1930. Kart. M. 3.60.

Inhalt des I. Bandes. 1. Allgemeines: Zeichnungen und Montage-
anweisungen / Werkzeug und Material. Lager. II. Einzelteile:
Rohrleitungen: Schmiedeeiserne Rohre / Stumpfgeschweißte Rohre /
Verzinkte Rohre / Kupferrohre / Verarbeitung der Rohre / Rohrver-
bindungen / Biegungen, Abzweige, Formstücke / Rohrbefestigung,
Kompensation, Wanddurchgänge / Die Maurerarbeiten. — Kessel:
Schmiedeeiserne und Gußkessel / Eingemauerte Schmiedeeisen-
kessel / Schweißung / Rohrwalzung, Bohrungen / Grobe Armatur /
Rost / Luftzufuhr / Verankerung / Gußeiserne Kessel / Glieder-
kessel / Herstellung / Sonstige Ausrüstung / Der Kesselraum, Die
Aufstellung. — Heizkörper: Größenbestimmung / Beobachtung der
Wirkung / Ausführungsformen. — Armaturen: Absperrungen und
Regelung der Leitungen / Schieber / Hahn / Drosselklappen / Wechselventile / Schwimmkugelhahn / Heizkörperregelungen / Regulier-
hähne / Regulierventile / Abscheider / Ableiter / Druckregler / Druck-
minderungsventile. — Kesselarmaturen: Wasserstandsanzeiger /
Manometer / Alarmpfeifen / Thermometer / Hydrometer / Dampf-
druckregler / Temperaturreglungsventile. — Sonstige Bestandteile
der Anlage: Sammler / Ausdehnungsgefäße / Luftsammelgefäße /
Kesselausgleichsgefäße / Warmwasserspeicherbehälter / Gegenstrom-
apparate / Gebläse und Pumpen / Lager, Schalen / Prüfung, Inbetriebsetzung, Störungen / Antrieb / Anschluß der Motoren. Nacharbeiten / Lufterhitzer.

Inhalt des II. Bandes. I. Allgemeines über technische Begriffe und
physikalische Gesetze. II. Vorbereitungen für den Einbau der Heizungsanlage, die Aufstellung von Kesseln und Heizkörpern, Verlegung der Rohre bei allen Systemen. Bauliches / Kessel / Heizkörper /
Rohrleitungen. III. Die Wasserheizung. Die Schwerkraft-Nieder-
druck-Warmwasserheizung / Die Etagenwarmwasserheizung / Die
Schwerkraft-Mitteldruck-Warmwasserheizung / Die Heißwasserhei-
zung / Die Schnell-Umlaufheizungen / Die Pumpenwarmwasserhei-
zung / Die Injektorheizung. IV. Die Dampfheizung. Die Niederdruck-
Dampfheizung / Die Abdampfheizung / Die Vakuum-Dampfheizung /
Die Hochdruck-Dampfheizung. V. Die Luftheizung. Die Feuerluft-
heizung / Die Dampf- und Warmwasser-Luftheizung. VI. Die Warmwasserversorgungsanlagen. Die Warmwasserbereitung / Die Warm-
wasserverteilung. VII. Die Montagedauer. VIII. Schluß.